MW01697932

有趣的科学实验

日用化学·热和能的奥妙

（英）萨莉·休伊特
博比·瑟尔 著
（英）凯瑟琳·沃德 等绘
刘 月 译

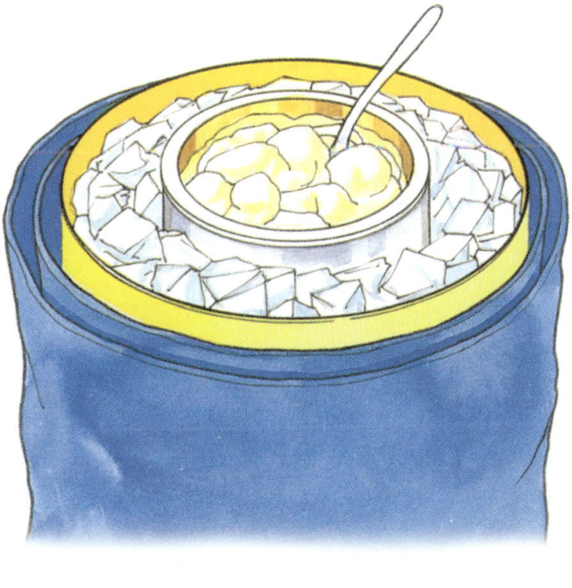

北京出版社出版集团
北京少年儿童出版社

序

自己动手学科学

清华大学人文学院教授、博士生导师　刘　兵

我们今天所熟悉的科学——诞生于欧洲的近现代科学，从没像今天这样如此全面强劲地将触角伸入到我们日常生活的各个角落，并深刻地改变着我们的衣食住行和行为方式。近现代科学的重要位置不容置疑，值得我们关注和学习。然而与此科学在传统上有所不同的科学也不应被忽视。

与其他一些传统中的科学相比，以及与近现代科学之前身的那些早期不够成熟的科学相比，作为近现代科学出现的一个重要基础，就是系统的观察实验方法的确立。正因为此，我们也将这种科学称之为经验科学或实证的科学。正是由于有了系统的观察实验方法，近现代科学才将自身独立地突显出来，使自己建立在更为坚实可靠的基础之上。我们甚至可以说，没有系统的观察实验方法，就没有近现代科学。

不过，在我们的科学教育中，学生们学习科学的过程，与科学的创立和发展过程有所不同，通常是一种对已有的科学知识的重新组合，使之逻辑性更强，也更注重理论性。而且，由于种种原因，包括教育观念上的原因，也由于现实条件的原因，我们在学习科学时，往往在相当的程度上忽视了作为近现代科学之重要基础的观察实验。这个问题，除了在学校的正规教育中存在，在学校之外的科学普及传播活动中，可以说就表现得更为明显了。其结果，一是使学生对近现代科学赖以成立的观察实验基础缺乏感性认识，二是使受教育者对科学的理解也较为片面，三是使受教育者自己动手能力——这一生活、学习和工作的最基本技能非常欠缺，四是使得过于侧重理论而轻视实验的学习变得枯燥而缺少生动鲜活的吸引力。

正因为如此，读者手中这套“有趣的科学实验”系列丛书，一反传统科学普及读物过份侧重理论说明的作法,让读者通过亲自的观察和实验来学习科学为特点,令人颇有耳目一新之感。这套丛书涉及到植物、动物、空气、声音、电和磁、光、热和能、日用化学等非常基本的科学内容，通过一系列的实验操作来揭示科学原理，并列举与此相关的趣味现象。实际上，作者是将对于这些基础性科学知识的系统学习，用观察实验的方法串起来，通过读者自己的动手参与，来达到对所讲授的科学知识

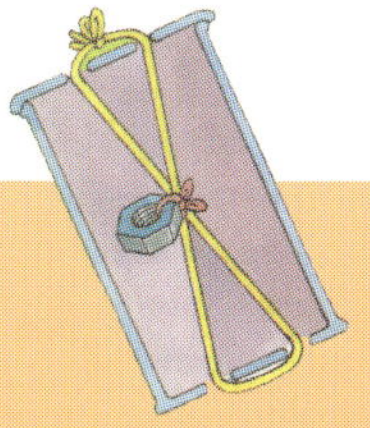

的系统掌握。

应该说，要做到这点并不容易。从书中我们可以看到，作者为达到此目的确实是动足了脑筋。首先，要将最基本的科学知识与读者可以进行的观察实验相结合，其次，又要充分利用日常容易实现的物质条件，使普通读者可以实际地进行这些观察实验。在这方面，作者的努力是很成功的。而且，书中也以详尽的提示、图示、提问和补充说明，使读者在观察实验过程中，能够更多、更准确、更系统完备地理解和掌握必要的相关科学知识。在对观察实验内容的设计中，作者也经常是别出心裁，结合青少年的兴趣特点和日常生活内容，让这些实验对读者有着相当的吸引力，而不只是简单枯燥的机械操作。

通过对此套丛书的上述分析总结，我们可以有这样的结论，即此套丛书在当下市场上的各类科学普及类书籍中，是非常有特色的，是对读者有吸引力的，是反映了科学的最基础性特点的，也是可以有效地使读者在好玩的动手过程中，愉快地掌握一些非常基本而又非常重要的科学基础知识的。

希望广大的青少年读者能够喜欢这套书，能够喜欢这种学习科学的方式。实际上，并不是每一位读者都一定会成为科学家，但这套书应该能让一些或许会在未来成为科学家的青少年找到他们走向科学的起点，也应该能够让那些在未来并不一定成为科学家的青少年在愉悦中学习和理解科学，为未来的生活和工作而掌握一种重要的学习方式，学会一些最基本的技能。最重要的是，让众多的读者因读此书和动手学习而热爱上科学。

2005年10月19日于北京清华大学荷清苑

怎样使用本书

科学实验的乐趣，在于无拘无束、快乐地体验与学习，通过日常生活中随处可以找来的材料和器物，就可以轻松地将看不到摸不着的科学原理亲自实践一番。这不仅弥补了学校教育的不足，更重要的是能锻炼学生的观察能力、动手实践能力和创造性。不用死记原理、硬背公式，就能将科学与生活联系起来并巧妙运用，既能玩得高兴，又可在玩中学到有用的科学知识，这简直像做梦一样！“有趣的科学实验”马上可以帮助你实现这个梦想。

这本书中所有的科学实验，都有完整的图解和详尽的说明，所需材料和器具也都是日常生活中随处可见的物品，让你尽情体验走进科学、实践科学的自由和乐趣！

为了便于读者阅读、动手实验，下面将本书的编排体例以及各栏作用作一个简单介绍。

想一想

在这一栏，会列出一个与本章主题紧密相关的问题，以供读者思考，同时表明该项实验的目的。

提示

这一栏会用一个醒目的手的图标作为标识，提醒读者在实验操作过程中应该注意的事项和问题。

材料或器具

这一栏将列出实验操作所需的全部材料和器物。

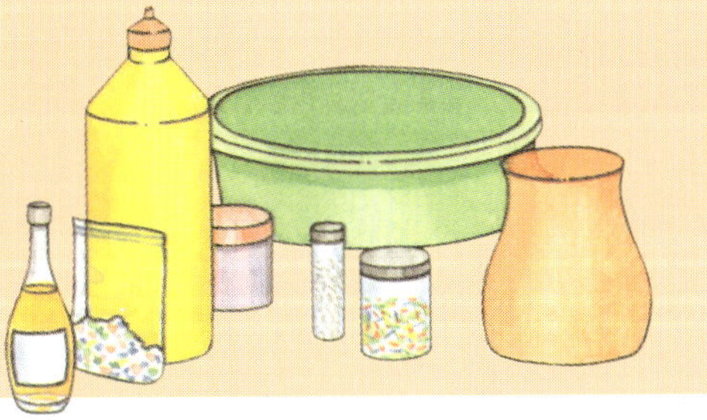

图解

用阿拉伯数字标出的图解，明确了实验操作的所有步骤。

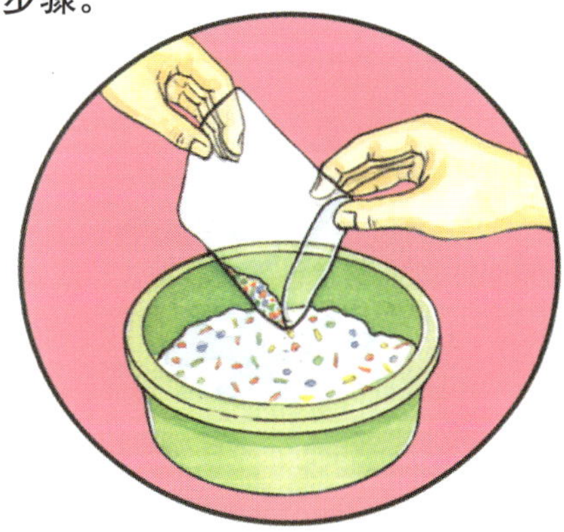

图 1

神奇的……

奇妙现象串串烧

用以列举某个科学现象，说明和本章主题相关的一些神奇的科学实验。

原来如此

在这个标题下，你会看到究竟发生了怎样神奇的现象，以及此种现象包含的科学原理和合理解释。

实验揭秘

详细说明实验操作过程中的现象及其意义。

趣味现象

介绍一两个相同主题、相同原理的奇妙现象。

警　示

用黑色的惊叹号醒目标识，以引起足够的重视，表示在该项实验操作过程中必须要有成年人在场监督。

我明白了……

椭圆形图标内是本章主题的概要说明。

术语表

在书的末尾会附有一个详细的术语列表，以便阅读和掌握相关科学知识。

目 录

上篇：日用化学

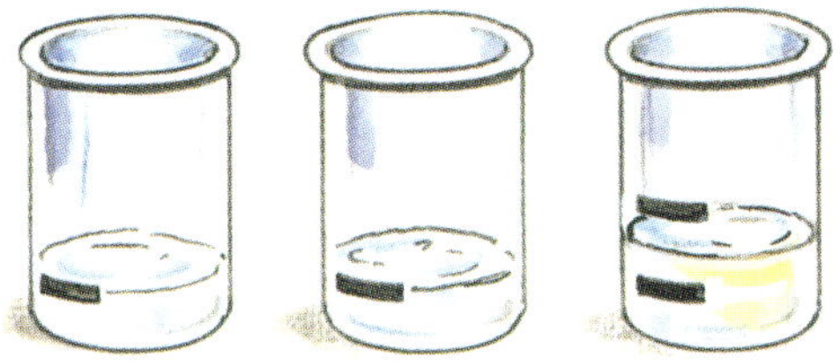

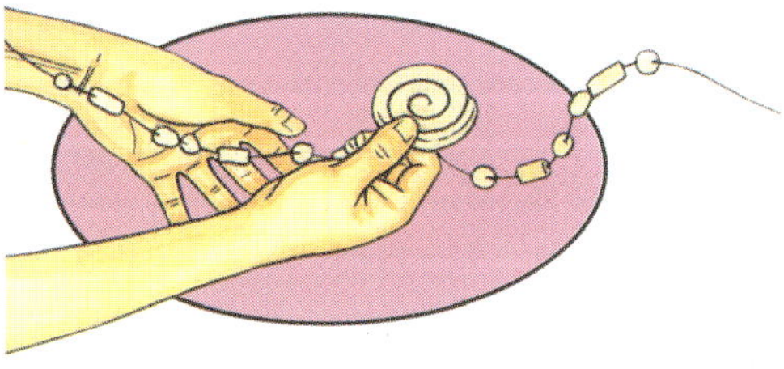

下篇：热和能

第一章　何为化学物质

生成新物质

化学物质是由分子或原子构成的。简单的化学物质由一种原子构成，被称为元素。当两个或更多的原子结合在一起时，就形成了分子。原子或分子可以相互结合在一起，生成各种各样不同的化合物。化学家研究化学物质并利用化学反应生成其他的化合物。化学物质可以通过加热或加压，或者通过混合而发生变化。

想一想

怎样制作胶泥。

提示

要使胶泥黏度足够的话，需要大量的硼砂。

材料或器具

- 热水
- 一个量杯
- 一个塑料杯
- 聚乙烯醇（白胶）
- 一把木勺和一把汤勺
- 食用色素
- 硼砂（可在药房买到）

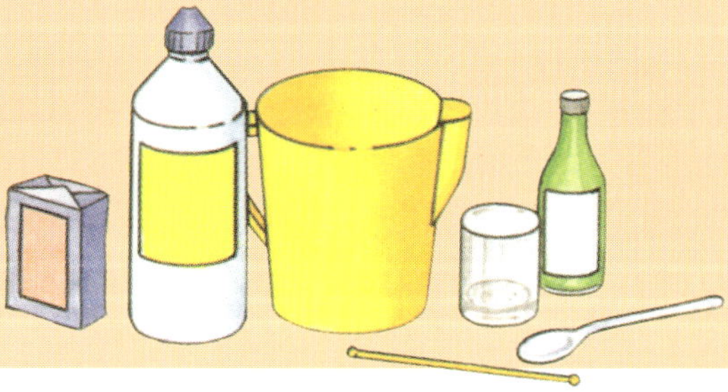

1. 用量杯量出 30 毫升热水，倒进塑料杯里（图 1）。
2. 再用量杯量出 30 毫升白胶，倒入塑料杯中的热水里（图 1）。

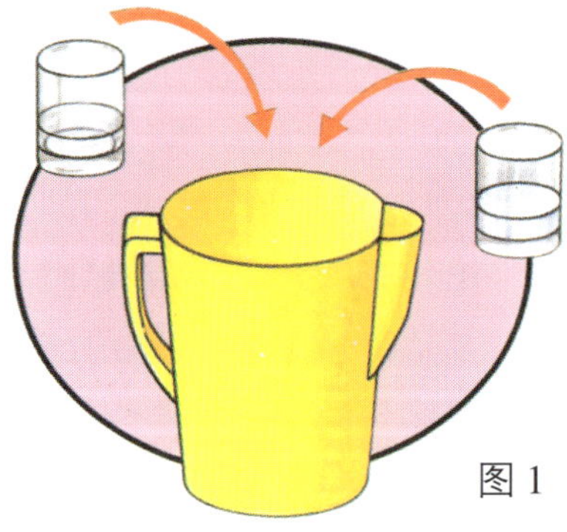

图 1

图 2

3. 用木勺把胶和水搅匀（图 2），让胶与水完全溶和。加入几滴食用色素。
4. 再量出100毫升热水，在热水中加两勺硼砂（图 3），搅动，直到硼砂完全溶解。
5. 将一勺硼砂和水的混合物加到塑料杯中（图 4）。把所有原料用力搅匀。

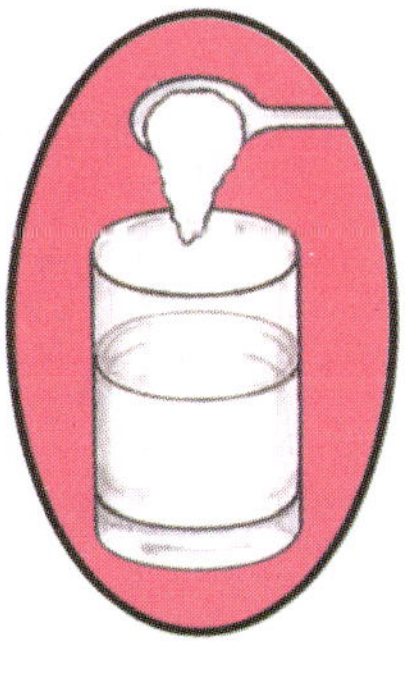

图 3

图 4

6. 你可以多加一些硼砂和水，这样胶泥更黏稠。
7. 像揉面团一样揉胶泥。现在，胶泥做好了，你可以用它捏东西了（图 5）。

实验揭秘

组成胶、硼砂和水的分子完全溶和在一起，发生物理变化。这个物理过程生成了一个新的物质——胶泥。白胶是一种塑料，组成塑料的分子连接成叫做聚合体的长链。当你加入硼砂的时候，硼砂分子也缠在这个链上，然后溶解于水中，得到的是一种浓稠的、果冻状的、摸起来很奇怪的物体。拉扯胶泥，看看它会变成什么样子。注意要把胶泥放在一个干净的有盖子的容器里，以保持它足够潮湿。

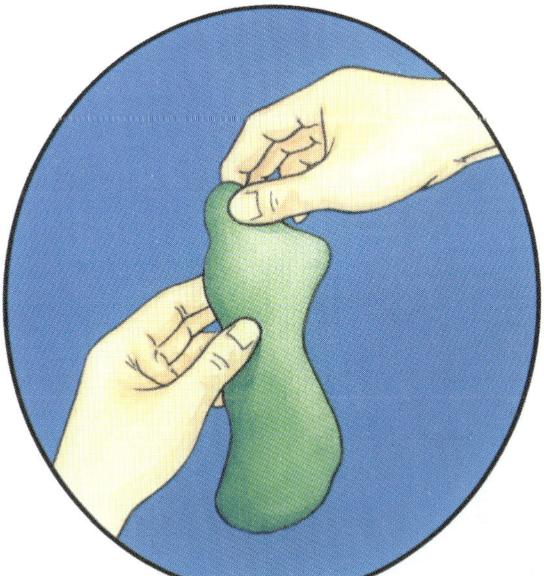

图 5

新知延长线

做胶泥的时候，混合在一起的化学物质并没有发生化学变化。只是发生了物理变化。

混合和分解混合物

下面我们要做一种沙子、生米和水的混合物。首先在碗里把它们搅在一起（图1）。小心地把混合物通过筛子倒入一个瓶子里（图2）。沙子和水会顺着筛眼漏下去。米则留在了筛子里，这样你就把米从混合物里分离了出来。

图 1

图 2

现在，把一张咖啡过滤纸叠好，放入一个漏斗里，然后把漏斗插进瓶子（图3）。把沙子和水的混合物倒入漏斗（图4）。水流过过滤纸，沙子留了下来。

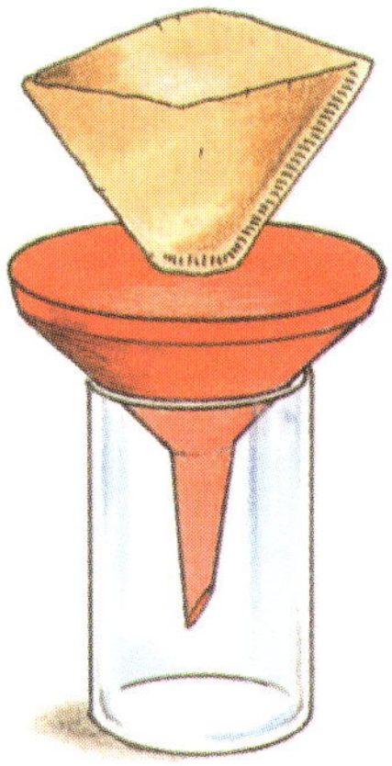

图 3

图 4

原来如此

即使把沙子、水和米混合在了一起，还是可以把它们分离开。我们可以通过大小不同的孔把混合物分离。混合或分离前后的物质本身并没有改变。

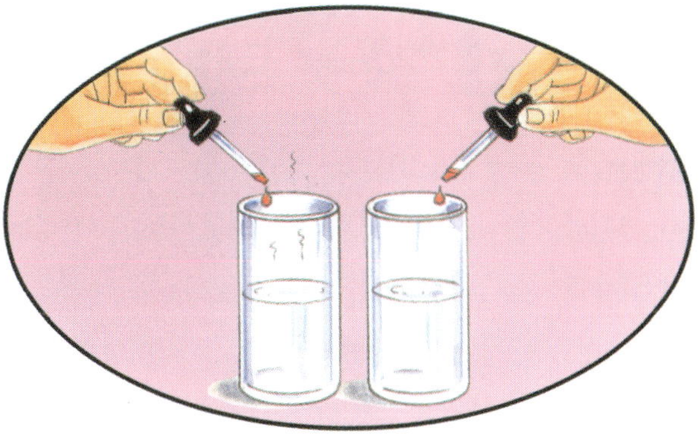

运动中的分子

在一杯凉水和一杯热水里分别加入几滴食用色素，色素会沉入水底。过一会儿，色素在水里会完全散开。这是因为水分子在不停地运动，当它们碰撞到色素的小分子时，就会使色素分子逐渐散开。热水里的分子比凉水里的分子运动得快，所以热水里的色素散开得更快。

制造金子

最初的化学家被称为炼金术士。他们依靠科学和魔法做实验。他们以为，如果能把普通的金属变成金子，就可以名利双收。遗憾的是，这是不可能的！

我明白了……

毫无疑问，物质都是由分子或原子构成的。有些物质在化合的过程中，改变了自身的物质结构，有一些则没有改变。混合物是可以被分离的。

第二章　固体、液体和气体

会长高的水

任何物质的粒子都是由一个或多个原子结合而成的。粒子结合的方式决定了这个物质是固体、液体还是气体。固体中的原子结合得很紧密，所以固体有固定的形状。液体中的原子结合得不太紧密。液体是流动的，没有固定的形状，但是也不容易受到挤压。气体中的粒子结合松散，所以气体容易流动，并且可以被挤压。

想一想

制作冰激凌，看看液体怎么转变成固体。

提示

要想加快制作过程，可把混合物先放在冰箱里冰镇。

材料或器具

- 一个咖啡罐
- 250 毫升奶油
- 调味料和一把勺子
- 一个大碗或罐子
- 一条毛巾
- 250 毫升牛奶
- 125 克糖
- 冰块和盐

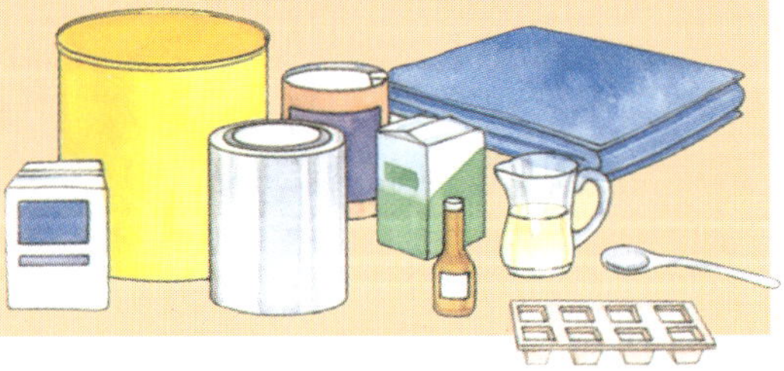

1. 把牛奶、奶油、糖和你选择的调味料放入一个干净的咖啡罐里（图1）。慢慢地搅匀。

图 1

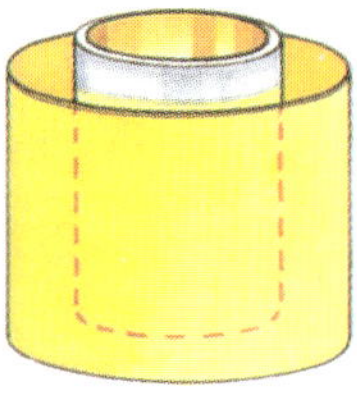

图 2

2. 把这个装满奶油等混合物的咖啡罐放在一个更大的碗或罐子里（图2）。

图 3

图 4

3. 用毛巾裹在碗的外边（图 3）。
4. 把冰块塞在咖啡罐与碗的间隙里，在冰块里撒些盐（图4）。不要把盐撒到混合物里。
5. 搅拌这个混合物（图5）。大约要持续搅拌半个小时，所以你可以找一个朋友帮忙。经过搅拌的混合物将成为香浓的冰激凌（图 6）。

图 5

实验揭秘

液体冷冻会转变成固体。如果你不连续搅拌的话，冰激凌就会变成不太好吃的固体块。当混合物逐渐变凉时，冰的粒子就慢慢形成。趁冰激凌冷冻的过程中搅拌，会使冰分化成小冰块。你搅拌的时间越长，这些小冰块会变得越小，冰激凌就会越细滑。搅拌也会使空气进入混合物里，使冰激凌更清亮。美味冰激凌的秘密就是在制作的过程中不停地搅拌。试试看，制作出不同口味的冰激凌，也可以试着加些巧克力或糖。

图 6

新知延长线

水能以三种不同的形式存在：固体、液体和气体。加热或者冷却，可以使水从一种形式变成另一种形式——固体变液体，液体变气体，或者相反。

水的不同形态

在水里加入一些食用色素，把水倒在冰盘里，冻起来。把一块冰块封在一个透明的塑料食品袋里（图1）。把袋子放在蛋糕架上，然后把架子放在一碗热水上（图2）。冰块会慢慢融化。

图 1

图 2

少量的水会转变成水蒸气，袋子里的空气受热膨胀（图3）。把袋子从架子上拿开，蒸汽就会又变成水（图4）。

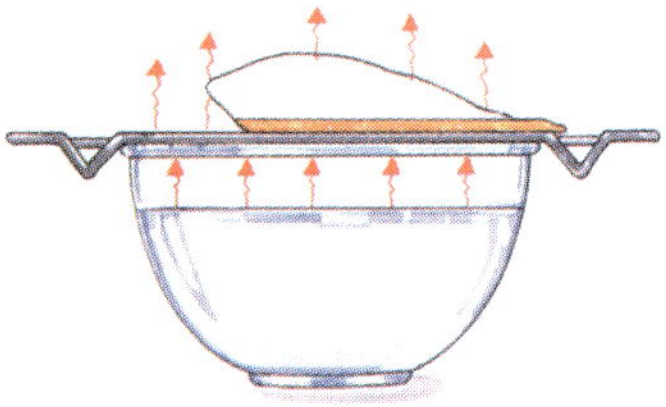

图 3

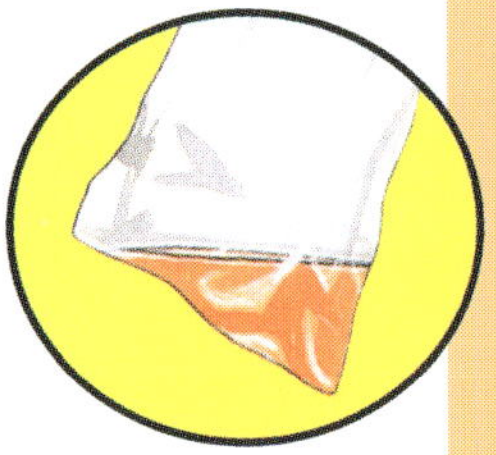

图 4

原来如此

温度很低时，水分子运动得慢，它们会结合起来形成冰。当冰被加热后，水分子运动加快，冰就会融化。再加热，袋子里的空气和水的分子会运动得更快。部分水就会变成气体。

固体池塘

冬天，在寒冷的北方，湖水会结冰。冰的小晶体变得越来越大，它们会连成一片，直到整个湖面冻成坚固的冰。较小的池塘可以完全冻成一体！

神奇的会长高的水

看看水结冰后为什么会长高

往一个塑料瓶里倒水，水要溢满瓶口。把瓶子放到冰箱里冷冻。第二天早晨，你会看到水变成了冰，而且还冒出了瓶口。

原来如此

水结冰后体积会膨胀。这是因为冰比液态时的水占有更多的空间，所以冰会从瓶子里长上来。

巧克力饼干

图 1

固体巧克力受热后会溶化变成液体。当它冷却下来时，又会变成固体。把几块巧克力敲碎（图 1），放进碗里。把碗放到炖锅里，并向锅中倒入三分之一的水。

用小火煮，同时搅动巧克力，直到它完全溶化为止（图 2）。把溶化的巧克力倒在饼干上（图 3）。巧克力冷却后就会变成固体。

图 2

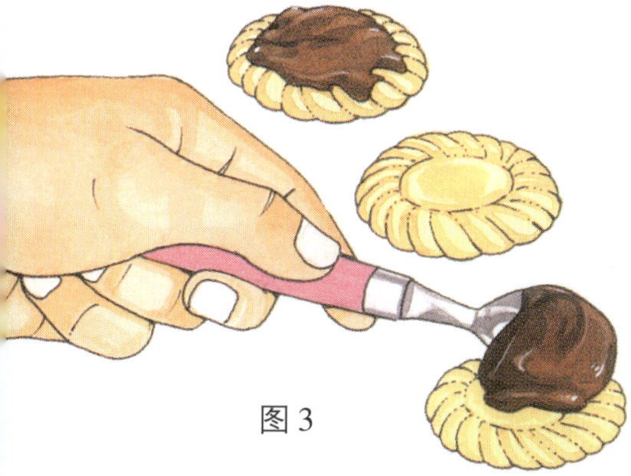

图 3

我明白了……

虽然水能变成不同的形态，但是它永远是水。无论是固体、液体还是气体，水的化学构成不会改变。

第三章　溶　解

液体哪儿去了

当有些物质——比如盐、糖或碳酸氢钠等与水混合的时候，它们就会溶解，形成一种叫做溶液的混合物。当盐在水里溶解的时候，盐似乎消失了。但是实际上它仍然存在。虽然你看不到，但是你可以尝出来。盐在水里以钠离子和氯离子的形式存在，离子非常小，你不可能用肉眼看到。当水从盐溶液里蒸发的时候，水就转变成了气体，又留下了盐的结晶。

想一想

怎样从溶液里提炼出晶体。

提示

这个实验比较耗时，要有耐心。

材料或器具

- 碳酸氢钠
- 热水
- 一个玻璃瓶子
- 烟斗通条（一种柔性、有毛刷的窄窄的通条，用来清理烟斗杆子）
- 一把勺子
- 一支铅笔

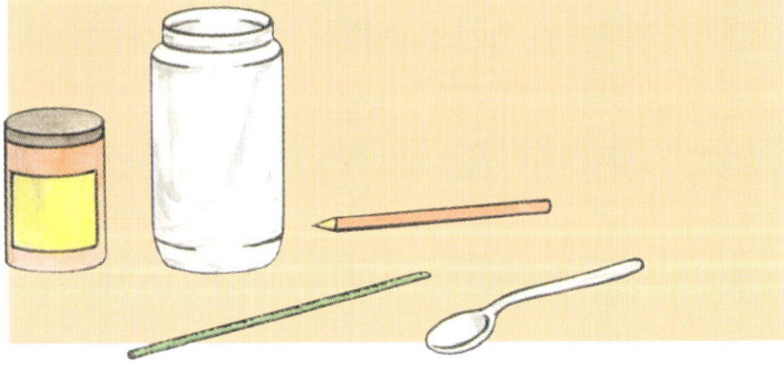

1. 往半瓶热水里加入碳酸氢钠，一次加入一勺，搅匀，制成混合溶液（图 1）。
2. 搅拌溶液，直到碳酸氢钠完全溶解为止，然后再加一勺碳酸氢钠。

图 1

图 2

3. 不停地加入碳酸氢钠，直到不能再溶解为止。也就是说此时溶液已经饱和，不能溶解更多的碳酸氢钠了。

4. 把烟斗通条的一头弯成一个有趣的形状（图 2）。另一头绕在铅笔上。把铅笔横放在瓶口，使烟斗通条悬在液体里（图 3）。

图 3

实验揭秘

热水分子比凉水分子能结合更多的碳酸氢钠。水冷却下来后，碳酸氢钠会从溶液中分离出来。它们唯一的去处是聚集起来，附在烟斗通条上。

随着更多的碳酸氢钠被吸附，晶体会越聚越多。它们簇拥在通条上形成了闪闪发光的大晶体。再用水、盐和洗涤碱重新做这个实验。然后用放大镜看一看，你能看到多少种不同形状的晶体？

5. 第二天早晨，你会看到烟斗通条上布满闪闪发亮的晶体。

新知延长线

分子结构有多种不同的形状和大小。有些分子结合得很紧密，有一些分子之间则留有空隙，因而体积会大一些，形状也不规则。

做一个分子实验

这个实验将帮助你了解合成溶液的时候会出现什么情况。把玻璃瓶里塞满弹球（图1），要差不多装满。现在尽可能多地往瓶子里倒沙子（图2）。

你会吃惊地看到：弹球之间的空隙竟然能容得下这么多的沙子！因为弹球不可能塞得太紧，它们之间会留有缝隙。同样道理，对于盐溶解而言，盐分子就像沙子一样，它们填满了水分子之间的空隙。

图1

图2

坐在水上！

位于约旦和巴勒斯坦边境的死海是世界上盐分最多的湖。在这个湖里，盐的浓度非常高，以致人们不用救生圈就可以浮在湖面上。

神奇的消失了的液体

了解为什么溶液比纯水占据更少的空间

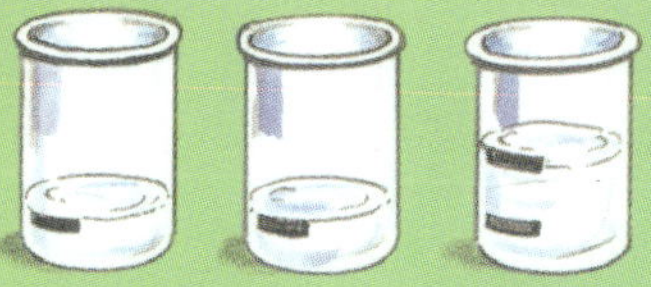

拿两个透明的小罐，每个罐子里均放一勺水。把两个小罐里的水倒在一起。标出液体的水位。用同样的罐子重复这个实验，加一勺水和一勺外用酒精。这时混合物在一起的液体不会达到刚才的水位！

原来如此

因为水分子填满了外用酒精分子之间的空隙，所以，液体的体积比第一次小。

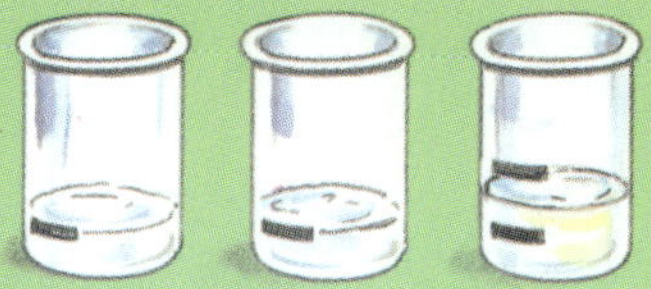

图 1

分解溶液

把盐倒入一个装有热水的瓶子里，每次倒一勺，直到不能溶解为止（图1）。这就是盐溶液。把盐溶液倒入一个浅盘子里（图2）。把盘子放在光照很强的地方，放一天。你会发现，水不见了，盘子里只剩下盐的晶体。

图 2

原来如此

当水在强光的照射下，就会蒸发——变成水蒸气。水蒸气散发到空气中，盐的晶体则留在了盘子里。

我明白了……

当一种物质溶解于另一种或几种物质时，就形成了溶液。海水是盐和水的混合溶液。盐可以通过水的蒸发解析出来。

第四章　混合液体

做一个油泡沫

水、油和蜂蜜都是液体，均装在容器里。它们的形状随容器而定。液体可以朝各个方向流动。你倒水的时候，水流动速度很快，会溅出水花，但是蜂蜜流动得很慢。我们使用黏稠度这个词描述液体的浓度。流动很慢的浓的液体具有黏性。液体也有不同的密度——蜂蜜的密度比水的密度大。也就是说，一定量的蜂蜜，比如说 250 毫升，就比 250 毫升水重。

想一想

观察液体的层次。

提示

顺着容器的边慢慢倾倒液体。

材料或器具

- 三个塑料杯
- 较稀的蜂蜜
- 植物油
- 水
- 磅秤
- 一个高帮的透明容器
- 食用色素

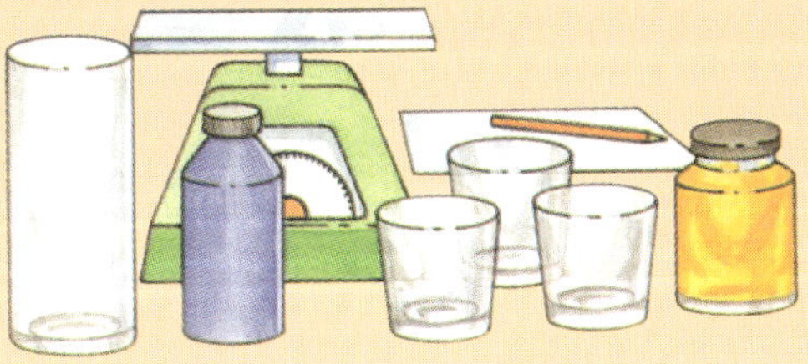

1. 准备三个塑料杯，一个倒半杯蜂蜜，一个倒半杯植物油，一个倒半杯水（图1）。注意每个杯子里倒入同样多的液体。你可以在水里加几滴色素，这样更容易看清楚。

图 1

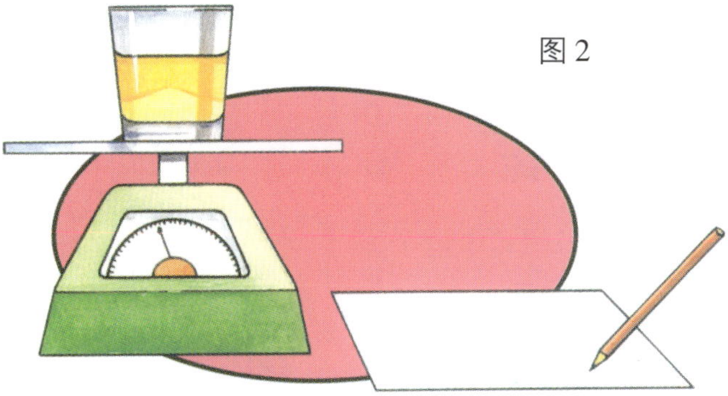

图 2

2. 称每杯液体的重量，记录下来（图 2）。
3. 把最重的液体——蜂蜜倒入高帮容器中，让它沉到最底层。
4. 然后小心地倒入次重的液体——水，这时水会浮在蜂蜜的上面。
5. 最后慢慢倒入最轻的液体——油。油会浮在水上，成为最上面的一层（图 3）。

试试看，倒入牛奶、盐水和洗涤液会不会得到同样的结果。

图 3

实验揭秘

在这个实验中，液体分层而置，互不相融。三种同样体积的液体中，蜂蜜最重。也就是说，蜂蜜比水和油的密度都大，所以它沉在最底层。水比蜂蜜轻但比油重，所以它处在中间的一层。油是三者中密度最小的，所以在最上层。一般来说，液体的密度越大，分子越密集。

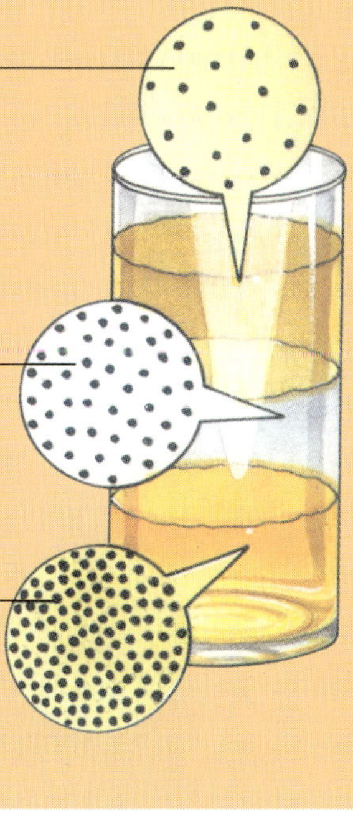

新知延长线

像油和水这种在化学结构上差别很大的液体是互不相溶的。科学家称它们是不相溶的液体。可混合在一起形成溶液的则是相溶的液体。

做一个油泡沫

你可以用外用酒精做这个实验。外用酒精一般可以在药房买到。如果你找不到，也可以用洗甲水来代替。倒半杯有颜色的水。小心地在水中加入一滴油（图 1）。

图 1

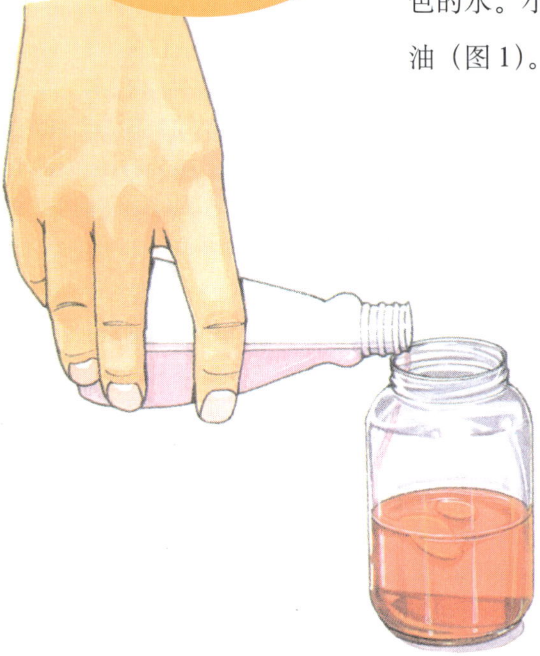

沿杯壁慢慢滴入几滴外用酒精，这时油滴会形成两三个泡沫（图 2）。观察漂浮在有色水上的油滴。盖上盖子，不要摇动，把瓶子放在阳光下的窗台上。

图 2

图 3

原来如此

往水里倒入酒精的时候，就制成了一种溶液。加进了酒精，溶液的密度因此发生了变化。一旦溶液的密度与油相同，油就会浮在溶液中间。溶液从各个方向推着油，所以油就成了球形。

可怕的油

油为什么会逃避清洁剂

用滴管在一盘水的中间滴几滴油，滴成一个圆圈。把滴管洗净，用它在圆圈的中心滴一滴清洁剂。油滴会躲开清洁剂，纷纷向碗的周边散去！

原来如此

这滴清洁剂破坏了碗中心水的表层的水面张力。没被破坏的水的张力把油滴拽到碗边。看上去它们就像被清洁剂吓着了似的！

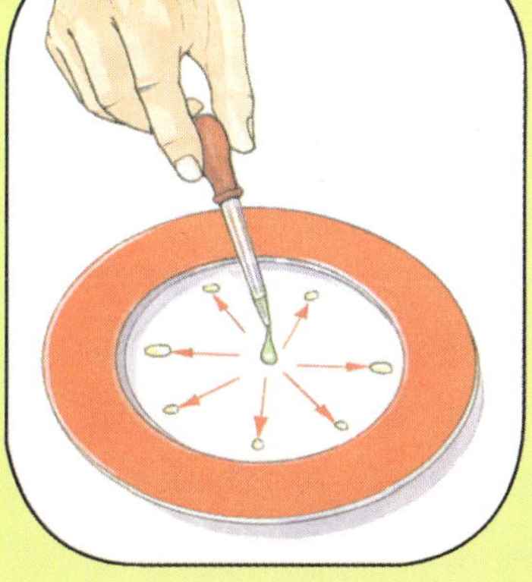

清洁剂！一个神奇的新发现

直到大约50年前，人们才能买到清洁剂——化学合成皂液。想一想，用普通的皂液多难去除那些油垢污渍啊！

我明白了……

不同的液体的密度和黏稠度不同。有些液体可以混合而形成溶液。还有一些液体，比如油和水，则完全不能相溶。

第五章　酸和碱

怎样制出神奇的颜料

化学物质可分成三大类——酸性、碱性和中性。了解我们日常在浴室和厨房里所使用的化学品是酸性还是碱性，以及它们酸性和碱性的强度有多大是很有用的。酸性化学物质尝起来通常有些酸，碱性化学物质通常有些苦。有些物质的酸碱度太强，所以用嘴尝和用手摸都是不安全的！这时，我们可以根据产生颜色变化的化学反应来判断物质的酸碱度。

想一想

制作指示剂，看看它是怎样检测物质的酸碱度的。

提示

你可以撕开卷心菜的叶子而不是用刀切。

材料或器具

- 红色卷心菜
- 一把刀子
- 一块案板
- 开水
- 两个碗
- 一块干净的布
- 一把木勺
- 夹子
- 绳子
- 牛奶和汤
- 柠檬汁
- 碳酸氢钠

1. 请一位成年人帮你切开红色卷心菜，放在一个碗里（图 1）。
2. 小心地往碗里倒些（很热的）开水（图2）。用木勺慢慢搅拌。红色卷心菜会把热水染成蓝色。

图 1

图 2

3. 把蓝色的水倒在另一个碗里（图 3）。
4. 让蓝色的水冷却。你现在已经做好了一个能区分酸、碱和中性物质的指示剂了。
5. 把布剪成几条，浸在指示剂里（图 4）。
6. 用夹子把布条分别晾在绳子上，晾干为止（图 5）。
7. 把浸过指示剂的几块布条分别蘸上肥皂液，或浸入牛奶、柠檬汁和碳酸氢钠溶液里。你会发现，不同的物质会使布条变成不同的颜色（图 6）。

图 3

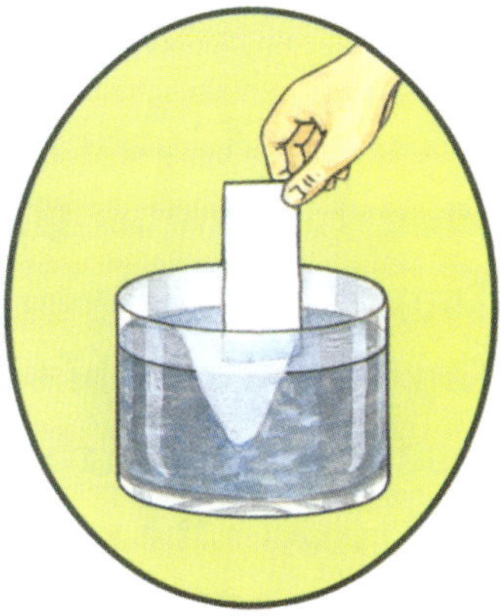

图 4

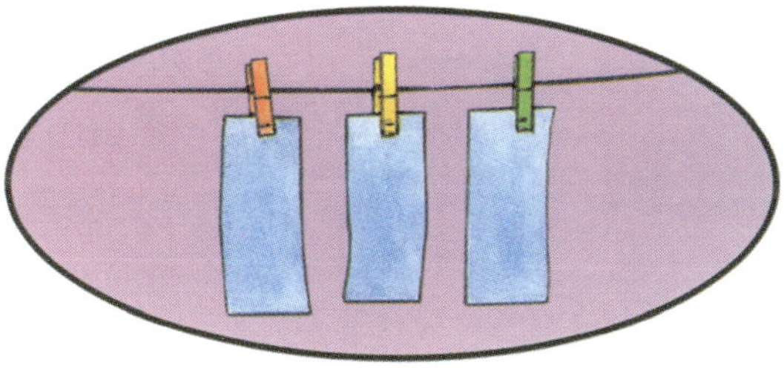

图 5

实验揭秘

像柠檬汁这样的酸性物质会让蓝色的布条变成粉红色。像碳酸氢钠这种碱性物质会使布条变绿。其他的物质，像肥皂液、水和牛奶，既不是酸性也不是碱性的，它们是中性的，因此不会改变布条的颜色。

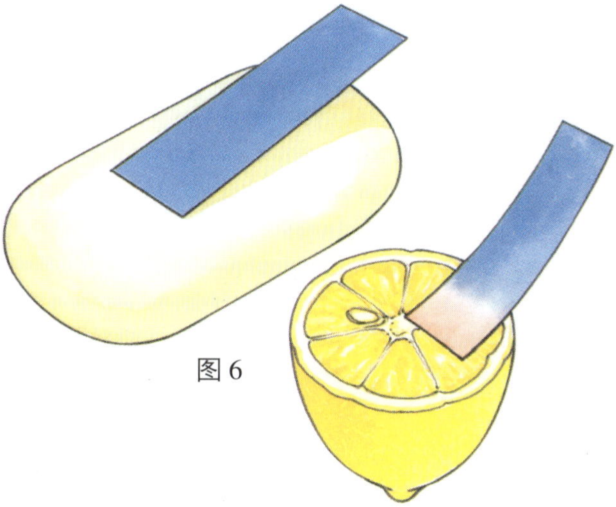

图 6

新知延长线

试纸也可以用来检测香水、洗涤剂和化妆品的酸碱度，以确保它们不会伤害我们的皮肤。还有一些试纸是用植物或真菌制成的。

神奇的颜料

把几张白色的吸水纸浸在你刚才做好的指示剂里。然后把纸铺在架子上晾干（图 1）。往一个杯子里倒入一些水和碳酸氢钠的混合溶液（图 2）。

图 1

图 2

在另一个杯子里倒入一些醋。当试纸完全干透，你就可以在上面画画儿了（图 3）。碳酸氢钠和醋就变成了两种神奇的颜料，可以把试纸变绿色或粉色。试试看，用醋画粉色，用碳酸氢钠溶液画绿色。

原来如此

醋是酸性的，可以把试纸变成粉红色。碳酸氢钠溶液是碱性的，会把试纸变成绿色。有些物质的酸性和碱性比其他物质要强，它们会把试纸变成深浅程度不一的粉红色和绿色。

图 3

神秘的液体

看看指示剂怎样神奇地改变颜色

倒出半杯蓝色指示剂。然后向其中倒入一些醋。像施了魔法似的，液体变成了红色。现在撒一勺碳酸氢钠，液体又变成蓝色了！

原来如此

醋是酸性的，所以会把指示剂变成粉红色。碳酸氢钠是碱性的，当你把碱性液体加入酸性液体中时，它就中和了酸性液体。这就是为什么碳酸氢钠又把液体变成蓝色的原因。

粉色柠檬水

图 1

把你按照前面步骤做成的指示剂倒进一个冰盒里（图1)。把冰盒放在冰箱的冷冻室内。当液体冻成冰块之后，拿出两块。放入一杯柠檬水里（图2)。你会发现蓝色冰块神奇地变成了粉红色。这是因为柠檬水是酸性的，所以使指示剂做成的冰块呈现粉红色。

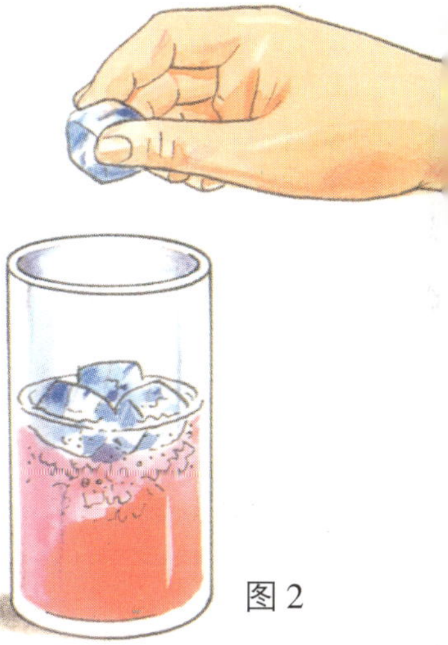

图 2

你可以试着用红洋葱、桃子皮或甜菜根做指示剂。你会发现几乎所有的植物都含有可以改变颜色的化学成分，即它们有酸碱度。

我明白了……

有些物质的酸性和碱性太强，有很大的刺激性。指示剂可以告诉我们物质的酸碱度。这有助于我们安全地使用化学物品。

第六章　化学反应

给钉子镀铜

不同的化学成分结合在一起会有不同的情况发生。有时它们会成为一个混合体。空气就是多种不同气体的混合物，空气中的气体不会互相反应或发生改变。有些化学物质的混合物溶解在水里会形成一种溶液，海水就是水和盐以及其他物质融合的一个例子。有时化学物质结合会发生化学反应，这是因为化学物质中的分子重新排列而引起了化学变化。

想一想

观察化学变化是怎样发生的。

提示

千万不要把熟石膏倒进排水管，熟石膏会变硬，堵住管子。

材料或器具

- 熟石膏
- 水
- 一双旧橡胶手套
- 洗涤液
- 一个大容器
- 木勺
- 晾衣夹和绳子

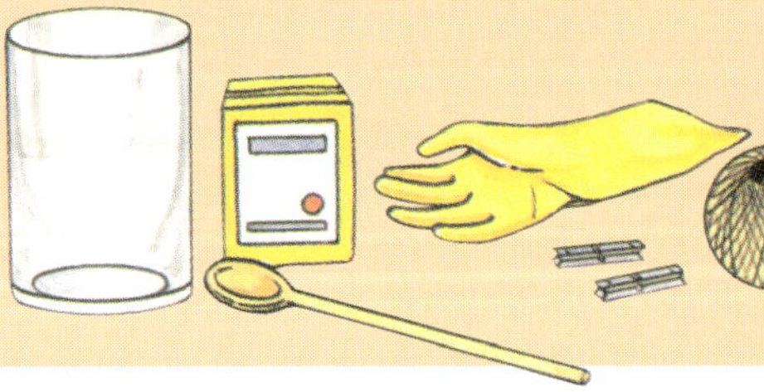

1. 把一杯熟石膏倒入碗里。慢慢加入半杯水，同时搅拌（图1）。注意不要让它结成块。
2. 一直搅拌，直到混合液变得润滑为止。这时就可以把它倒进模子里了。

图 1

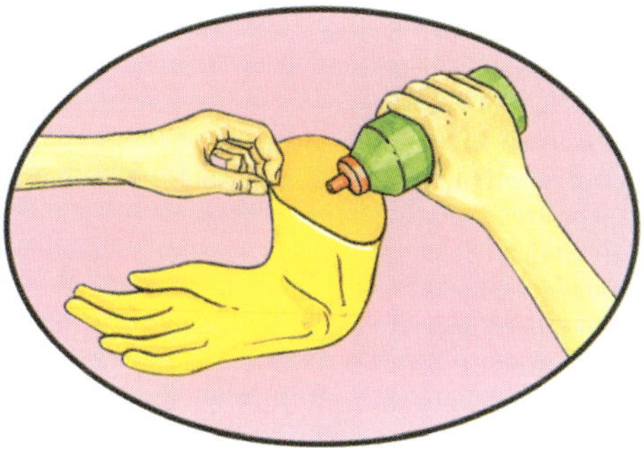

图 2

3. 往橡胶手套里滴入几滴洗涤液（图2）。用两手揉搓手套，以便液体充分覆盖手套的里层。

4. 把熟石膏倒入手套（图 3），把它挤压到每个指套里。

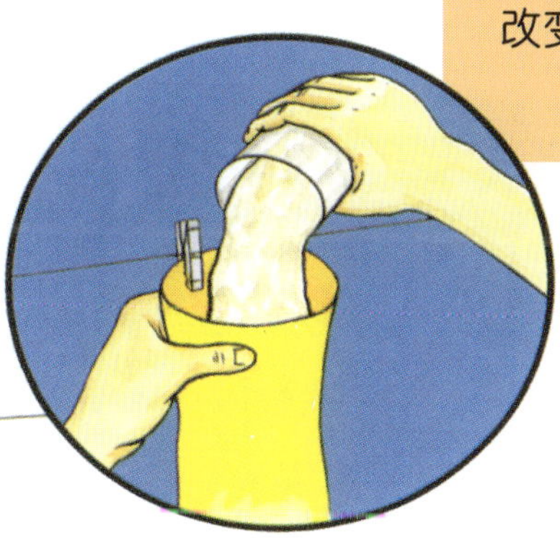

图 3

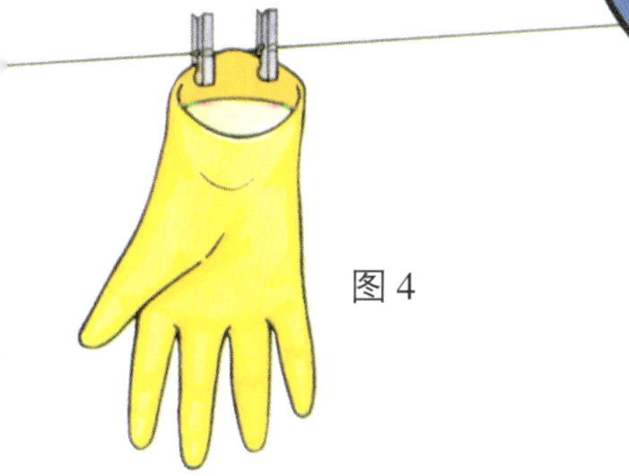

图 4

5. 把手套挂起来，用夹子夹好（图 4），大约晾半个小时。手套晾着的时候，摸起来有些热。

6. 熟石膏完全干硬之后，脱掉手套，拿出手的模型（图 5）。给你的模型涂上颜色。

实验揭秘

当熟石膏和水融合在一起时，就会发生化学反应。它们的分子重新排列，生成了新的物质。手套摸着发热，是因为发生化学反应时释放出了热量。熟石膏是制作模型的好材料。当你塑造成一个有趣的模型之后，熟石膏起初还可以呈液体状态，保持很长的时间。一旦熟石膏变得像石头那样坚硬，你就不容易再改变它的形状了。

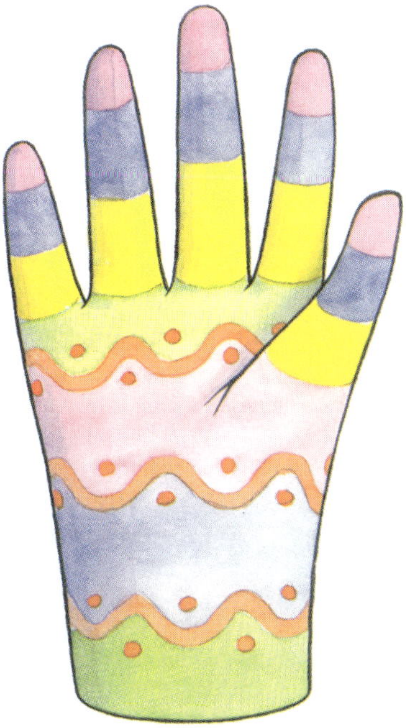

图 5

新知延长线

电解过程可以使某些金属原子在液体中移动。电解可以用来给珠宝和餐具镀铜或镀银。

给钉子镀铜

把120毫升经过提炼的白醋倒入一个玻璃瓶里，加一撮盐（图1）。投入约20枚失去光泽的旧铜币（图2）。现在，用去污粉擦一个铁钉，一定要擦得非常干净，直到闪闪发亮为止（图3）。最后用凉水彻底漂洗。

图1

图2

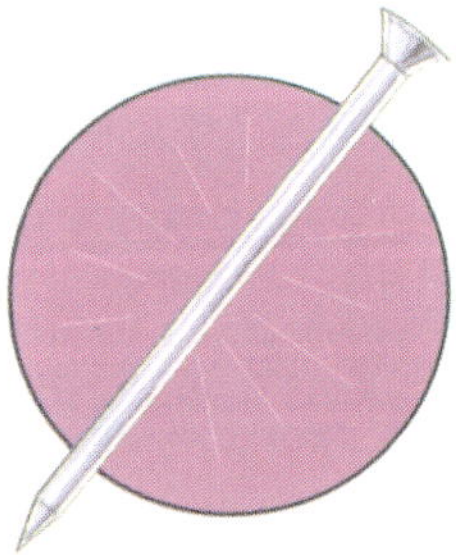

图3

把钉子投入盛有硬币的瓶子里（图4），放上一夜。第二天早晨，你会发现，硬币也变得干净而发亮了。而钉子表面附着一层金色的铜（图5）。倒掉液体时要特别小心——这种液体是有毒的。

图4

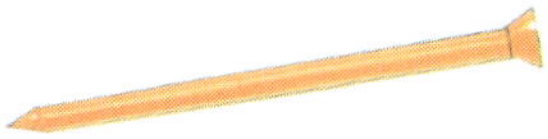

图5

原来如此

醋和盐的混合物溶解了铜币上的锈。在这个过程中，带电的小粒子——离子被释放到了醋里。这些铜离子与铁钉发生反应，从而给钉子表面覆上了一层铜。

神奇的鸡蛋

看看醋是怎么溶解蛋壳的

把一个生鸡蛋连壳一起放入杯子里，完全用醋泡起来。三天后，小心地拿出鸡蛋，举到光前——鸡蛋变成透明的了！鸡蛋中间的暗影就是蛋黄。

原来如此

醋和蛋壳中的成分发生了化学反应，把蛋壳溶解了。但是醋不能溶解叫做膜的那层薄皮，膜仍然保持着蛋白和蛋黄的形状。是不是很有趣？利用化学反应，不敲碎鸡蛋也可以很容易剥掉鸡蛋的壳。

意外发明的儿童玩具

第二次世界大战期间很难搞到橡胶。有一位科学家想找到一种橡胶的替代品，在用化学品做实验的时候，他意外地发明了一种新的物质——橡皮泥！

我明白了……

化学反应使物质发生变化：熟石膏变硬、蛋壳被醋溶解、金属镀铜、生成新物质，这些都是化学反应的结果。

第七章　生成气体

会跳舞的葡萄干

气体多种多样。我们呼吸的空气是几种不同气体的混合物，其中包括氮气、氧气和二氧化碳以及其他少量气体。空气中的氧气是生命不可缺少的。空气中的各种气体看不见，也没有味道。有些气体是有害的，比如废气，它是汽车燃烧汽油的时候产生的一种有毒的气体。许多不同的气体可以通过化学反应产生出来。

想一想

怎样混合化学物质，制作发泡液。

提示

注意加醋之前，要把坛子放在一个盘子上。

材料或器具

- 水和碳酸氢钠（小苏打）
- 洗涤液
- 坛子
- 醋、瓶子和一个大碗
- 小金属片和发光物
- 食用色素
- 磅秤

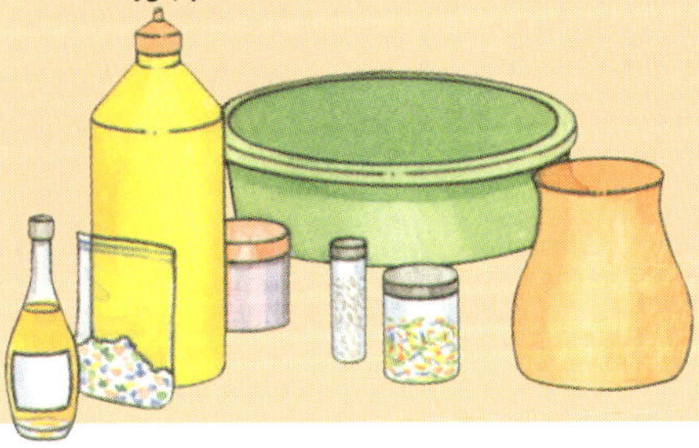

1. 称 50 克碳酸氢钠，放在大碗里。
2. 往碳酸氢钠上面撒些小金属片，这样可以使你的溶液显得很神秘（图 1）。

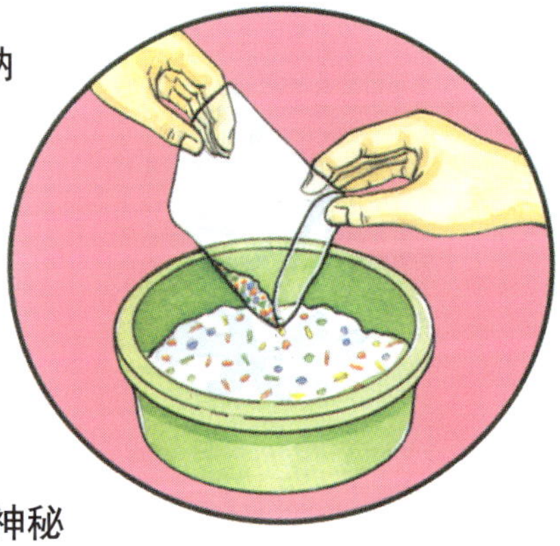

图 1

图 2

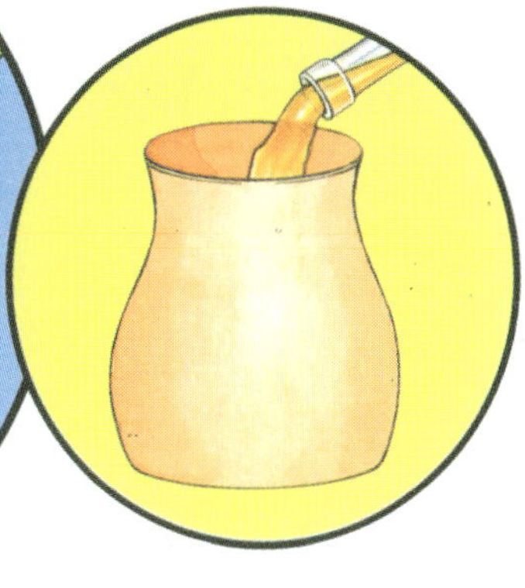

图 3

3．把坛子涂上颜色，让它看上去像一个女巫的道具。把亮闪闪的混合物倒进坛子里（图 2）。

4．往瓶子里倒入125毫升水、60毫升洗涤液和几滴食用色素。

5．把混合液倒入坛子里。

6．现在注意要把坛子放在一个盘子上或木板上——你马上就要开始变魔术了！

7．往坛子里倒些醋（图 3）。神奇的发泡液从坛子里面喷涌出来（图4）。你还能听到嗞嗞的声响呢！

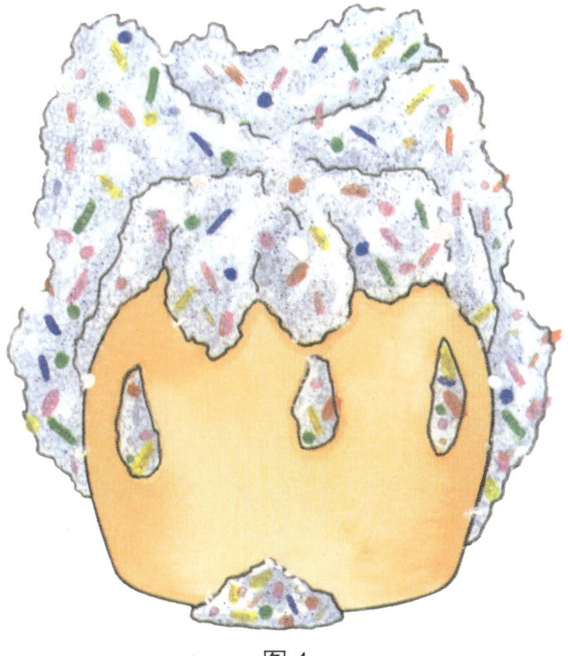

图 4

实验揭秘

这两种神奇的化学物质是碳酸氢钠和醋。醋是酸性的，碳酸氢钠是碱性的。当它们混合起来时，就产生了化学反应，生成了一种新的物质——二氧化碳气体。

二氧化碳气体和洗涤液产生出大量的泡沫，这些泡沫使混合液溢出坛子。你听到的嗞嗞声是泡沫想挤出坛子时发出的声音。

新知延长线

气体有许多种用途。饮料中加入气体可使饮料发出嘡嘡的声音。有些气体可以作为燃料燃烧，而有些气体可被用来灭火。

用二氧化碳灭火

把六根用过的火柴插到软木塞的四周，上面插一根生日蜡烛（图1）。往瓶子里倒些水，让木塞浮起来。用一根长蜡烛小心地点燃木塞上的蜡烛（图 2）。

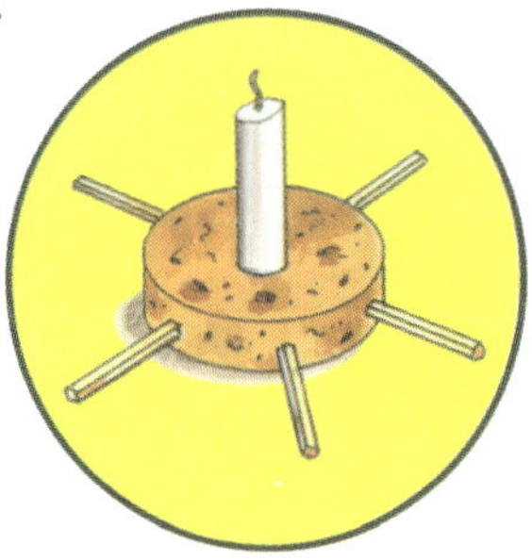

图 1

图 2

往水里加入 50 克碳酸氢钠，轻轻搅动（图3）。再往瓶子里小心地加入125毫升醋，注意不要熄灭火苗（图4）。这时混合液会发出嘡嘡的响声，过一会儿，蜡烛就会熄灭（图 5）。

原来如此

醋和碳酸氢钠反应生成二氧化碳气体，从而把空气挤出瓶子。瓶子里没有氧气火苗就不能燃烧，所以蜡烛会熄灭。

图 3

图 4

图 5

图 1

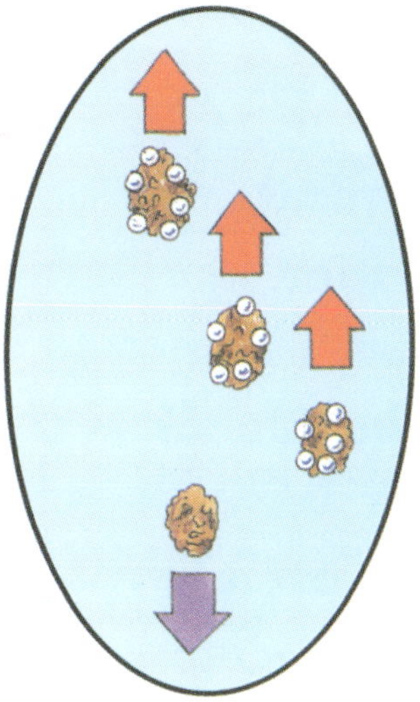

图 2

会跳舞的葡萄干

打开一瓶新的带气的饮料。倒一些在玻璃瓶里。再倒进一些葡萄干（图 1）。这时葡萄干会上下翻腾起舞。如果仔细观察，你会看到葡萄干表面聚集着许多小气泡（图 2）。再认真看一看，往上浮的葡萄干比往下沉的葡萄干表面有更多的气泡吗？

原来如此

气泡依附于物体表面。饮料中的二氧化碳气泡附着在葡萄干表面，带着它们向上浮动。在水面上气泡破裂，葡萄干开始往下沉。然后更多的气泡聚集在葡萄干上，又带着它们浮起来，所以看起来葡萄干就像在翩翩起舞。

气体能帮你入眠！

一氧化二氮是一种用作麻醉的气体——它能使人在动手术前失去对疼痛的感觉。它也被叫做笑气，因为它能使人发笑！

我明白了……

有些气体是通过化学反应或加热某些物质而产生的。有些气体没有味道，但有一些却很刺鼻。有的气体有毒，有的甚至能引起爆炸。

第八章　加　热

能隐身的字

加热能使物质产生物理变化，比如使固体熔化，使液体变成气体；冷却能使液体变成固体。加热也能引起化学变化，例如，我们在烤箱里烤出面包、蛋糕和糕饼，使它们既松软又美味，这时面团经烘烤会变膨胀。有些化学反应也能产生热，比如当熟石膏变硬的时候。

想一想

怎样把面团烤成“珠宝”。

提示

要不停地往手上撒面粉，免得面团粘在手上。

材料或器具

- 200 克面粉
- 一个大碗
- 一个玻璃瓶
- 一把木勺
- 串肉扦
- 线
- 烤盘
- 颜料

1. 把面粉倒进碗里。用勺子在中间挖一个“井”，慢慢把水倒入“井”里，一边倒一边把水和面粉搅匀（图 1）。
2. 用手揉面团，压出面团里的空气（图 2）。

图 1

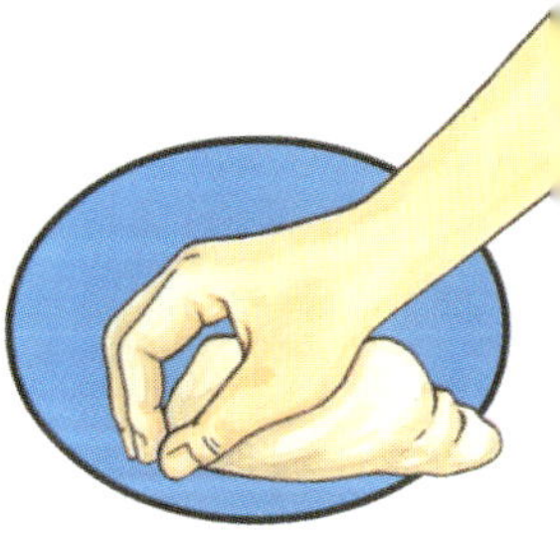

图 2

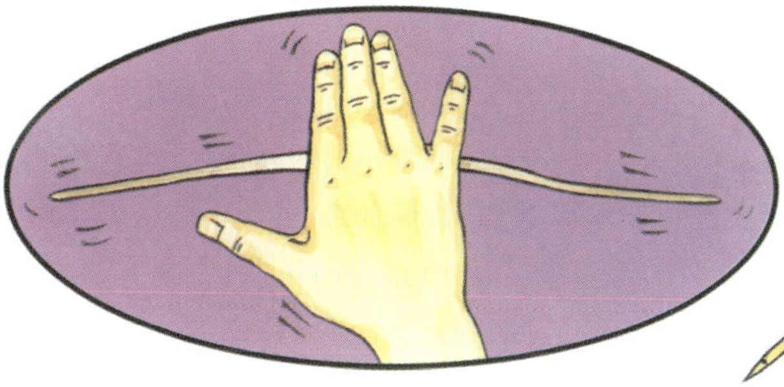

图3

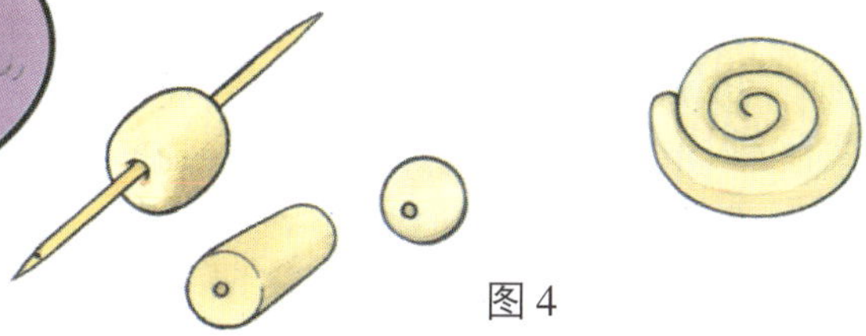

图4

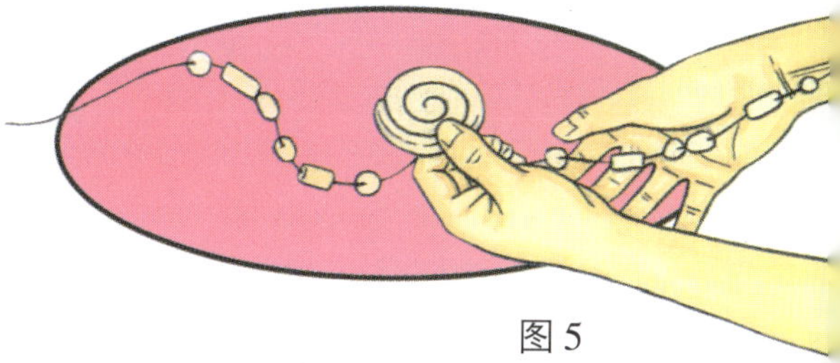

图5

3．在操作台上撒些面粉，把面团做成珠子的形状。

4．搓出一个香肠的形状（图3），然后卷起来做成一个垂饰。

5．用串肉扦穿过“珠子”，扎一个洞（图4）。

6．把“珠子”放在焙烤浅盘上，用温火在烤箱里慢慢烘烤，使“珠子”的硬度可以穿过线去。

7．让“珠子”冷却，然后用线穿起来，这样就做成了一条项链（图5）。把“珠子”涂上颜色，使你的项链五彩斑斓（图6）。

实验揭秘

在面团中，面的分子是悬浮在水中的。当面团静止的时候，它的形状像一个固体。当你揉的时候，它就像液体。(a)当你烘烤面团的时候，热使水分子蒸发。(b)水蒸发后，面团变硬，成为固体。这样珠子就会足够坚硬，保持它们的形状。

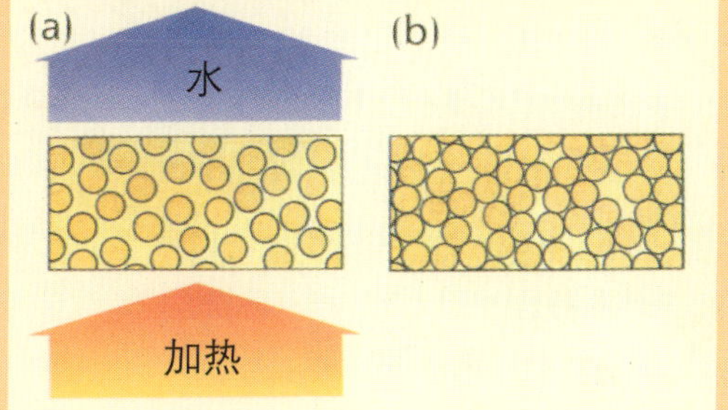

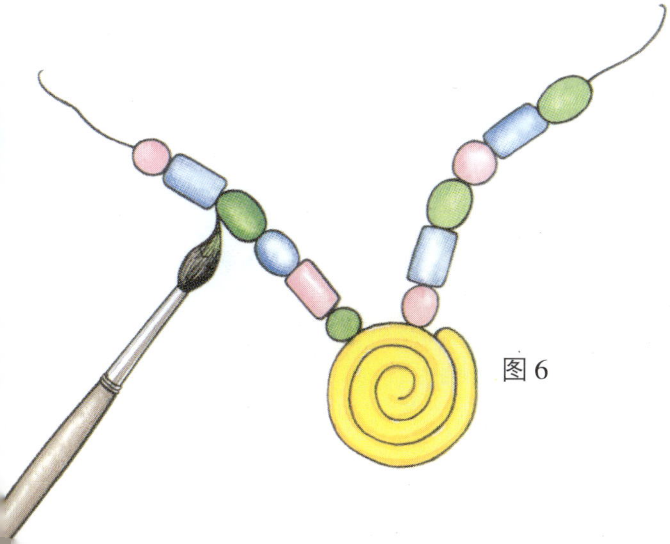

图6

新知延长线

我们在制作食品的时候，常用的手法就是加热，或是降温。我们把牛奶、奶油和糖冷冻，可以做成冰激凌。我们先给牛奶和面粉加热做成更美味的食物。

做奶油蛋羹

往碗里放入一勺蛋糊粉和半勺糖。慢慢加进250毫升牛奶，搅拌，直到混合液滑润为止（图1）。

图1

图2

把混合液放在锅里，用小火煮，煮成鲜嫩的蛋羹（图2）。最后加入水果，做成美味的布丁。

原来如此

蛋糊粉就是玉米粉——一种淀粉。热使得淀粉的分子分解。然后淀粉分子与液体混合，使得蛋糊变浓。你用的蛋糊粉越多，蛋糊就越浓。

烟花燃烧化学品

烟花里塞满了粉状的化学品。点燃导火线，粉就会燃烧，发出巨响，喷出火焰和五彩的火花。当化学品燃尽以后，烟花就会熄灭。

神奇的能隐身的字

加热使字显现出来

往盛有水的杯子里挤入几滴柠檬汁。用一支干净的毛笔沾上柠檬汁，在一张白纸上写一条秘密信息。把纸放在暖气前面烤几分钟，纸上的字会神奇地显现出来！

原来如此

柠檬汁的燃点很低。所以烘烤时，纸还远没被烧着之前，柠檬汁就已变成褐色，显现出字迹。

图 1

烤面包

烤面包时要均匀地加热面包片的两面。你可以用烤箱烤面包。烤得最好的面包片应该外焦里嫩。烤糊了的面包片又黑又硬（图 1）。但是为什么会变黑呢？

原来如此

面包的分子里含有碳元素。当面包片烤糊的时候，这些分子会分解，在面包表面留下炭。这时，厨房里就会散发出炭造成的难闻的烟味。

我明白了……

加热化学物质会使它们发生变化。我们每天在厨房里做饭，就是在利用加热的方式制造各种各样的变化。然而把一种物质加热到一定程度，它就会燃烧。

第九章　厨房里的化学

神奇的发酵粉

厨房就像一个化学实验室。橱柜里的各种配料就是化学品。你已经知道，奶油蛋羹里含有使之变浓、呈半固体状态的淀粉。醋和柠檬汁是酸性的，碳酸氢钠是碱性的。冰箱、炊具和食品加工机就像冷却、加热或切削、混合各种成分的科学仪器。下面还有一些实验，可以帮你了解你橱柜里更多的化学品。

想一想

制作奶油蛋羹。

提示

不要用速溶蛋糊粉，速溶蛋糊粉里含有糖和炼乳。

材料或器具

- 蛋糊粉或玉米面
- 磅秤
- 碗
- 一个量杯
- 水
- 匀

1. 量出175克蛋糊粉。倒进碗里（图1）。
2. 用量杯量出 125 毫升水。
3. 慢慢加水（图2）。搅拌成黄色的面团。

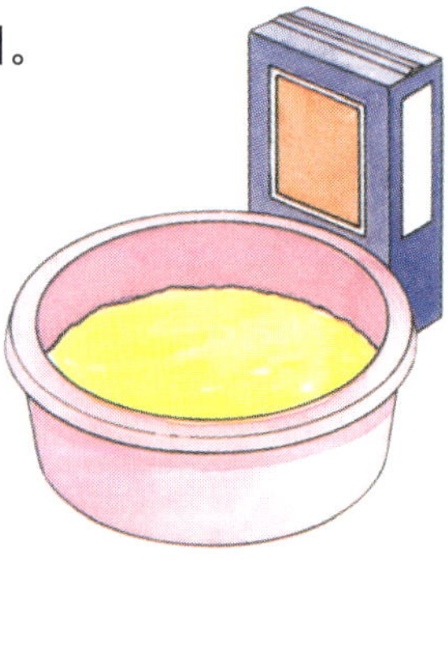

图 1

图 2

4．再加水或蛋糊粉，让它黏度适中。

5．轻轻摸摸蛋糊面团，感觉它可以像液体一样流动（图 3）。

6．把这个“不安分的”蛋糊揉成团。松开一只手，面团会坍下去，成为一个薄饼。揪下一块，面团不能拉伸，很容易被拉断（图 4）。

图 3

实验揭秘

蛋糊粉是固体，水是液体。当你把两者混合在一起时，你就做成了一种悬浮液。蛋糊粉的颗粒悬浮在水里，并均匀地分散开。当你慢慢搅动这个混合物的时候，里边的颗粒仍然会均匀地分布。

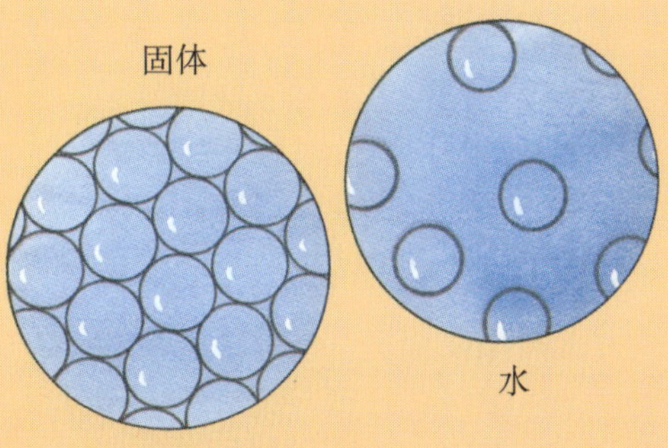

晃动奶油蛋羹，它就像液体一样。而你快速揉动它的时候，颗粒就会彼此撞击，这时它就具备了固体的特征。

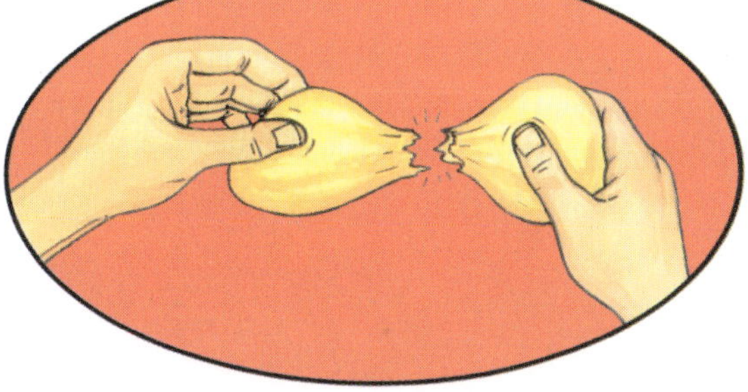

图 4

新知延长线

当一种物质的微粒悬浮在另一种物质之上时就产生了胶质。水滴浮在空气中成了雾；气体浮在奶油上成了生奶油；水滴浮在胶质上成了果冻。

制作胶质的“蚯蚓”

把一小袋白明胶倒入一个盘子。请一位成年人帮你倒入150毫升热果汁。搅拌，使白明胶完全溶解。然后让它冷却。浸入几根粗吸管，让管中灌满混合液（图1）。把盘子放进冰箱里，让吸管定型。最后用擀面杖擀吸管，做成弯曲的果味“蚯蚓”（图2）。

图 1

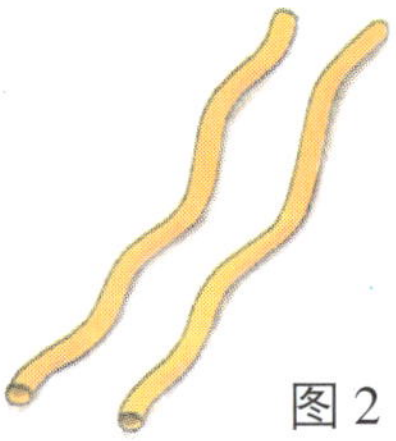

图 2

原来如此

“蚯蚓”能够弯曲，是因为它们由一种叫做凝胶的胶质做成的。热果汁分解了白明胶的分子模式。当混合液冷却时，又组合成了新的模式——里面掺进了液体，这样就形成了凝胶。

神奇的发酵粉

用二氧化碳吹气球

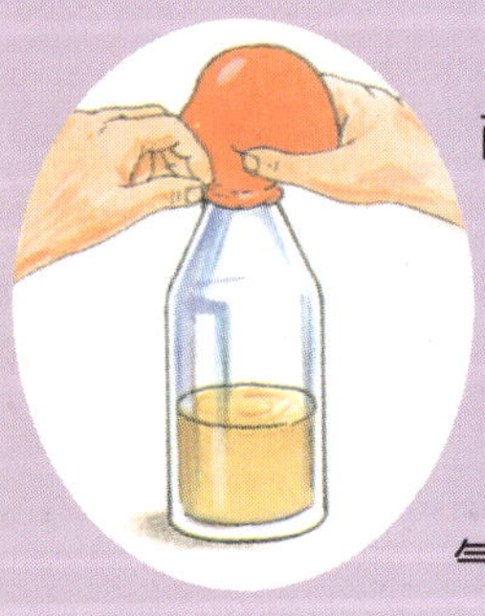

在一个瓶子里，把两勺发酵粉、一勺糖和两勺温水混合起来。在瓶口放一个气球。把瓶子立在温水中。气球会神奇地膨胀！

原来如此

热和水激活了发酵粉里的微生物。当微生物吃足了糖，就会吐出二氧化碳，二氧化碳会把气球吹鼓。

硬淀粉

淀粉可以用来浆衣服。用玉米粉、水和食品色素做成混合液，把几根绳子浸在混合液里(图1)。搅动绳子，然后把它们卷成有趣的形状，放在盘子里。把盘子放在热的地方，水蒸发后留下淀粉。淀粉使绳子变硬，所以它们能保持自己的形状(图2和图3)。

图1

图2

图3

可以试着用胶把这些绳子的图形粘在彩色纸上，用它们来做装饰品。

人造黄油

最初的人造黄油处方是："把热牛肉脂肪、猪的胃液、牛奶和水混合。"但是，今天的人造黄油主要用植物性脂肪制成，因此，人们认为，食用人造黄油比黄油对健康更有益。

我明白了……

将厨房中的部分材料混合，可以制造出又像固体又像液体的胶。也可以制作凝胶，还可以利用激活微生物的方法，产生二氧化碳气体。

第十章 氧 化

铁怎么变红了

我们已经知道，氧气是存在于空气中的一种气体。没有氧气，火不能燃烧；没有氧气，生物不能生存。氧气也是一种通过氧化反应使自行车生锈的气体。氧气和水作用肯定会使铁生锈，所以要想让你的自行车不生锈，就要保持它的干燥。氧化也会使切开的苹果和旧报纸变成褐色。

想一想

了解在什么条件下铁会生锈。

提示

百洁丝是由铁做成的，所以很适合做这个实验。

材料或器具

- 五个玻璃瓶
- 百洁丝
- 盐
- 标签
- 水
- 抹布

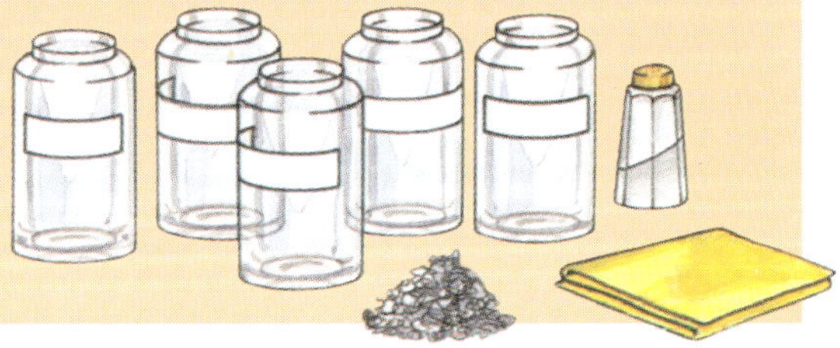

1. 在五个瓶子里各放入一团百洁丝。把第一个瓶子标上“(a) 百洁丝＋空气”(图1)。
2. 在第二个瓶子里，把百洁丝放在湿抹布上。标上“(b)百洁丝＋空气＋水”(图2)。
3. 在第三个瓶子里加一些自来水和一小撮盐。标上“(c)百洁丝＋空气＋水＋盐”(图3)。

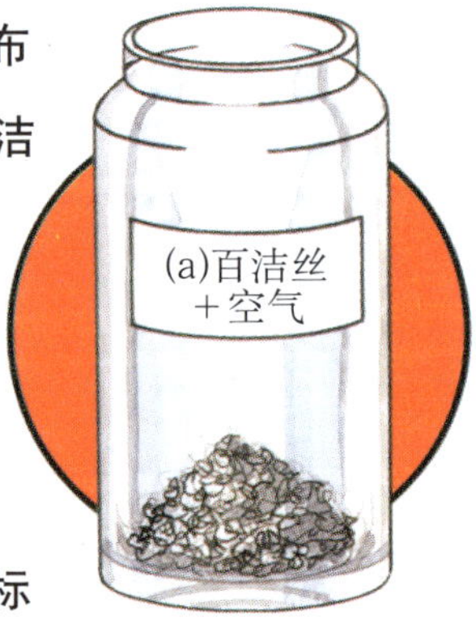

图 1

图 3

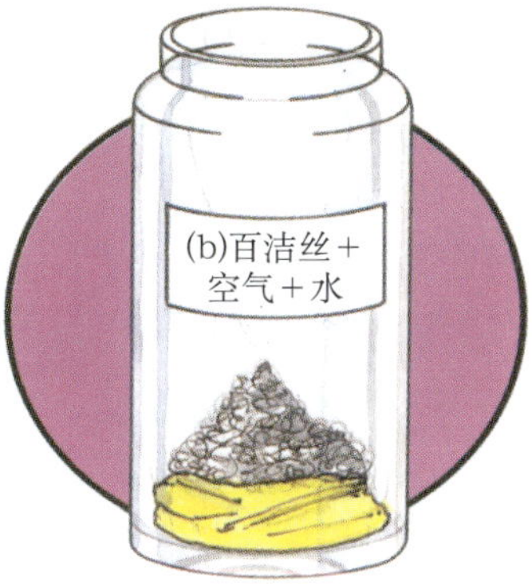

图 2

4. 在第四个瓶子里倒满烧开的水。把盖旋紧。标上“(d)百洁丝＋水”(图4)。
5. 往第五个瓶子里倒入半瓶自来水，标注上“(e)百洁丝＋空气＋水”(图5)。过一个星期后观察每个瓶里所发生的变化。

图 4

图 5

实验揭秘

一个星期后，(b)瓶和(e)瓶中的百洁丝开始生锈，(c)瓶中百洁丝生锈最快。(a)瓶和(d)瓶中几乎没有生锈的迹象。当百洁丝中的铁暴露在水或空气里时，就会发生氧化反应，并生成一种新的化学物质——氧化铁，称为铁锈。

铁生锈需要水和氧气的共同作用，水里的氧会使生锈加速。(a)瓶中的百洁丝没有生锈，是因为瓶子里没有水。(d)瓶里的百洁丝没有生锈是因为与氧气隔绝。

新知延长线

燃烧是一种化学反应，它需要三种条件：热、燃料和氧气。这些成分中缺少一样，就不可能燃烧。

制作油灯

从金属罐中取出蜡烛（图1）。拽动连接在灯芯上的金属盘，取出灯芯（图2）。把灯芯放回到空的金属罐里，小心地往里边倒半罐植物油（图3）。

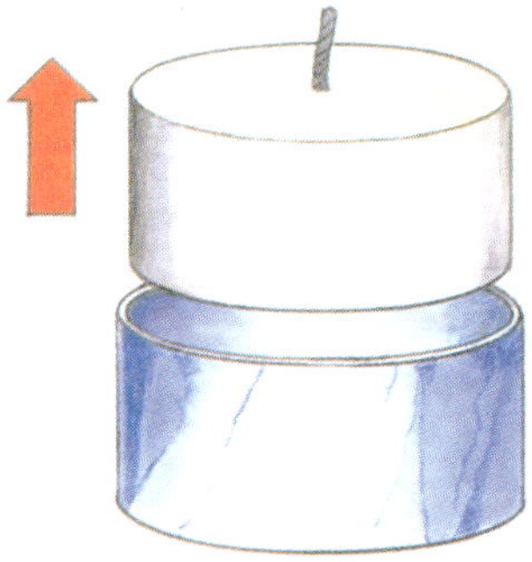
图 1

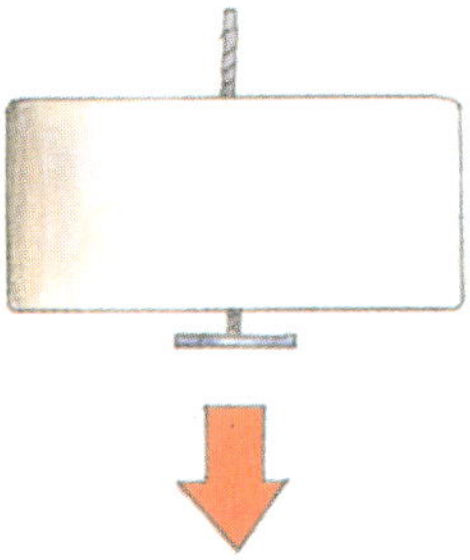
图 2

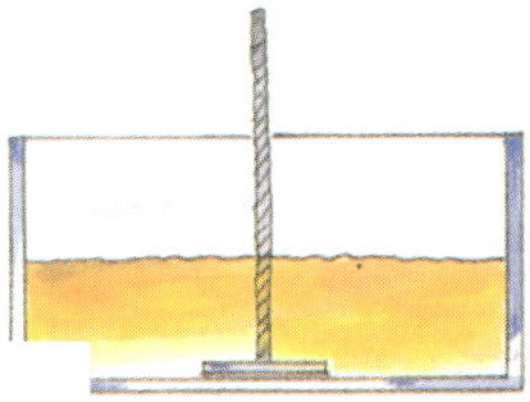
图 3

现在，请一位成年人用长蜡烛帮你点燃灯芯，观察你的小油灯怎么燃烧（图4）。你拿掉了金属罐中的蜡，而蜡是照明的燃料，你用另一种燃料——植物油代替了蜡。

图 4

原来如此

蜡烛芯外面裹着油。长蜡烛火苗的热使油燃烧。燃料、氧气和热的混合物为油灯燃烧创造了合适条件。

永无止境的工作

在苏格兰，为福斯铁路大桥刷油漆以防生锈成了一件永无止境的工作。大桥的一头刚刚油漆完，又要从另一头重新开始。

褐色的苹果

图 1

切两片四分之一大小的苹果（图1）。把其中的一片涂上柠檬汁（图2）。把它们放在一边。你会注意到，没有涂柠檬汁的那一片开始变成褐色，而另一片仍然是白色。

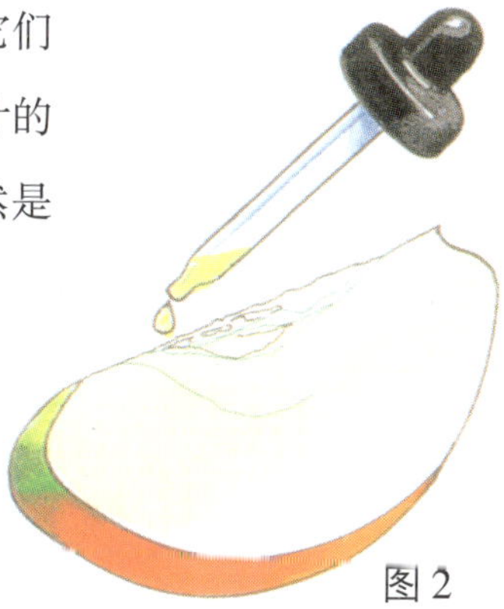

图 2

原来如此

空气中的氧气和苹果中的化学成分发生了反应——氧化，因而表面变成了褐色。柠檬汁中的酸与苹果中的化学成分反应，减缓了氧化作用，有助于保持苹果新鲜。

我明白了……

由于氧气存在于空气中，而空气在我们周围无处不在，所以氧化是一种常见的化学反应。氧化有时会造成破坏，我们需采取措施防止氧化的发生。

第十一章　什么是热

神奇的"蠕动的蛇"

热无处不在。当太阳照在我们的身上，或者进行锻炼的时候，我们就会感觉到热。热是一种能的形式，由微小粒子——原子或分子的持续运动而引起，这些原子和分子是构建万物的基本粒子。分子运动（或振动）得越快，该分子所构成的物质就越热。热对我们来说是必不可少的。它能够使液体沸腾，使固体熔化。没有热，我们做不了饭，甚至不能种植庄稼。

想一想

怎样做一个测量热的温度计。

提示

检测你的温度计之前，先把手搓热。

材料或器具

- 一个小透明塑料瓶
- 胶泥
- 一根透明的吸管
- 食用色素

1. 往瓶子里倒入约四分之一的自来水。
2. 加入两三滴食用色素，和水搅匀（图1）。

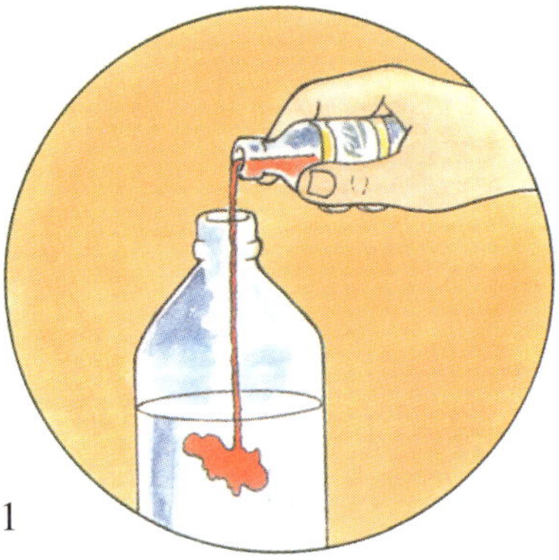

图 1

3．把吸管插入瓶子，但不要触到瓶底。

4．用胶泥封住瓶口，固定吸管（图 2）。

5．用两手捂住瓶子几分钟，看看吸管里的水量会有什么变化。

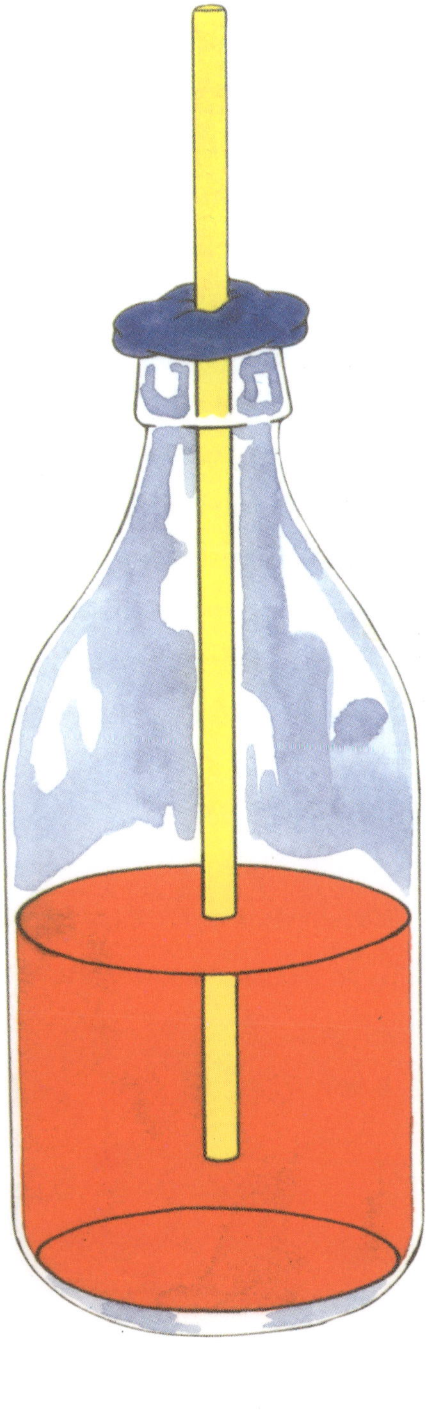

图 2

实验揭秘

当你用手捂热瓶子的时候，瓶子里的空气会膨胀。由于空气变热，所以占据了瓶子里更多的空间，给液体留下的空间变少，这就迫使液体从吸管里往上升。

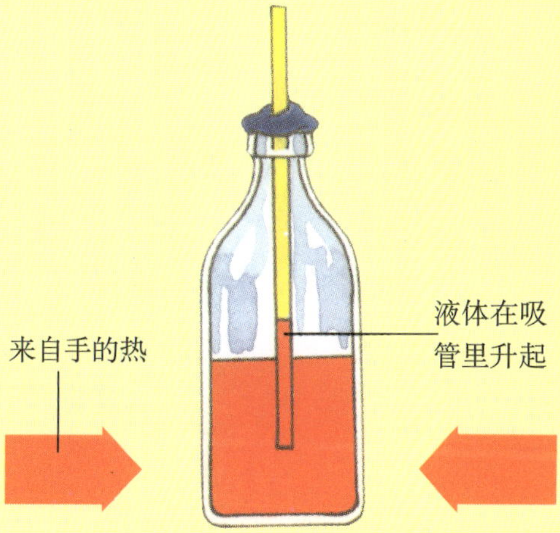

这时的瓶子可以看成是一个简单的温度计。温度计是用来测量温度的工具。温度计一般使用像水银和酒精这类物质，它们会随着温度微小的变化而膨胀或收缩。

温度计用量度告诉我们天气的冷热变化。试试看，在你的温度计上画出刻度。

新知延长线

热是分子运动产生的能量。我们可以根据温度计的刻度测量热（或测量分子运动得有多快），所有的物质都有其固定的凝固点和沸点。

沸腾和冻结

把一杯纯净水倒在锅里，在另一个锅里倒入一杯加许多盐的水。记录两种水沸腾各要用多少时间，然后测一下温度。哪一种水沸腾用的时间更长？哪一种水的沸点更高？

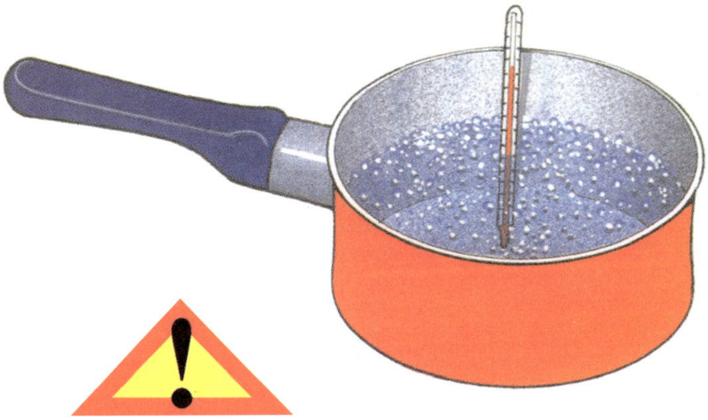

再用同样的液体做一次测量它们的凝固点的实验。把两种液体的样本分别放在两 个冰盒里，把冰盒放进冰箱的冷冻室。要不时查看你的样本，看看两种水各要用多长时间冻结。是盐水用的时间长，还是纯净水用的时间长？

冰　雕

把一个物体压进一块胶泥里，做成一个模具。然后把这个物体从胶泥模具里取出，模具里灌满水。然后把你的模具倒置放进冰箱几个小时。待水冻结后，你就可以把你的冰雕从模具里取出来了。

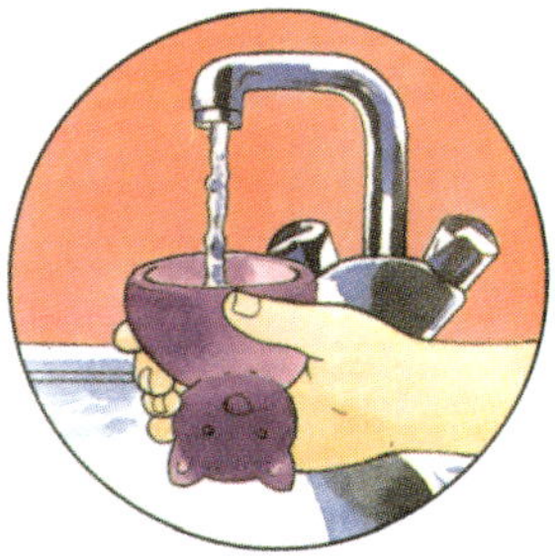

原来如此

盐水比纯净水要用更长的时间才能沸腾，盐水的沸点更高。这是因为盐分子分布在水分子之间，使得水分子更难作为水蒸气蒸发，所以纯净水更容易沸腾。

观察水的形态

水有三种形态——固态（冰），液态（水）和气态（水蒸气）。水根据温度的变化而改变其形态。当水失去热度的时候，其分子的运动会减速，并逐渐形成固体物质——冰。当水被加热到足够高的温度时，其分子运动的速度会非常快，然后成为水蒸气蒸发到空气中。

把一些冰放在锅里，计算冰化成水和直至沸腾各需多长时间。然后把一些凉水加热，计算要用多长时间沸腾。为什么冰块比凉水要用更长的时间才能沸腾呢？

带上厨用布套，以免烫着手。把一个金属勺子放在沸水或沸腾的开水壶的上面。蒸汽将聚集在勺子上，然后逐渐冷却，又变成水。

快速蒸发

山顶上的空气压力比地面上要小得多。在这里，水在较低的温度就能沸腾。气压越低，水分子作为蒸汽会更容易蒸发。

新知延长线

使我们的身体发热

通过摩擦我们的身体，比如手或脚，就可以使自己暖和起来。这是因为摩擦产生了热量。试试看，先慢慢摩擦双手30秒钟，然后快速摩擦30秒钟。哪种方式会使你的手更热？

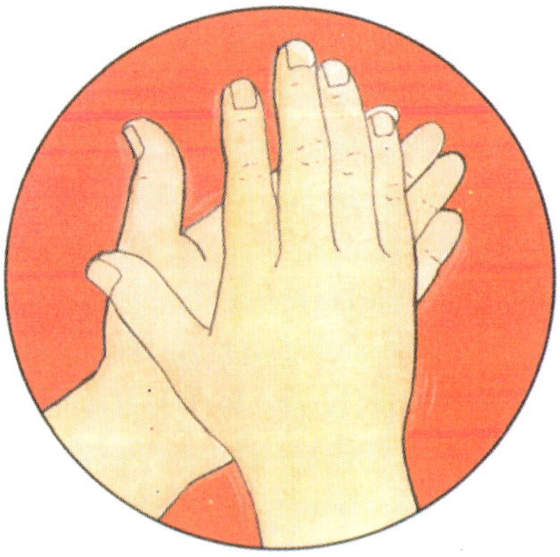

神奇的“蠕动的蛇”

对流的气体舞成蛇

1. 把一张圆纸剪成一条蛇的形状。按你的喜好涂上颜色。
2. 用针在蛇头上扎一个小洞，穿一根线，系紧。
3. 拿着线头，让蛇自由下垂。把它放在暖气上方，看看会出现什么情况。

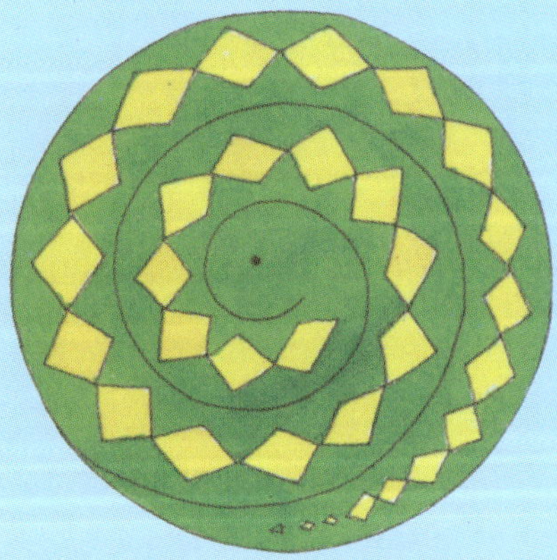

原来如此

热空气比冷空气轻，所以空气受热时会上升。这样就形成了对流的气流。正是这个空气的对流使你的蛇在暖气上舞动。

热传递

把三种勺子——金属勺、木头勺和塑料勺——分别放进三个热水杯里。两分钟后从水里拿出来，摸摸每个勺子的把，感觉一下哪一个更热？

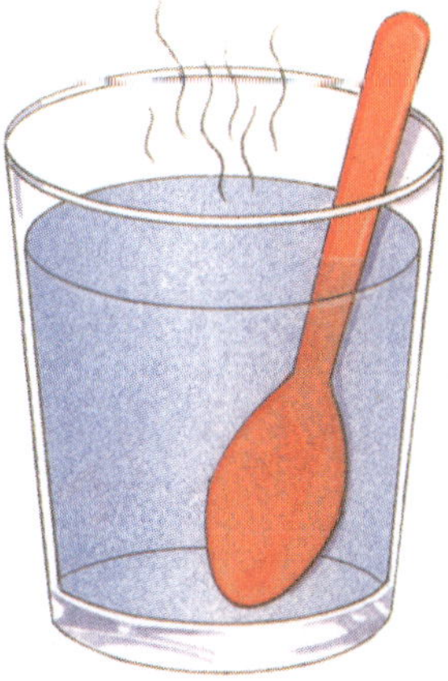

原来如此

有些物体很容易传递热，也就是说它们能更快地传递热量。当热通过一个物体时，分子运动就会加速，分子在碰撞过程中把热传给其他分子。金属是热的良导体，这就是它们被用来做锅的原因。在上面的实验里，金属勺子的把会更热，因为木头和塑料是热的不良导体，所以塑料和木头勺把不如金属勺把那么热。

我明白了……

热是一种能的形式——分子运动产生的能。它可以从一个物体传递到另一个物体。各种物体都有其固定的熔点、沸点和凝点，但不同物体传热的性能有差异，发生了以上变化所用的时间也会不同，有的快些，有的慢些。

第十二章　什么是能

会跳舞的球

能是使我们周围万物运动、发热和发光的物质。能有不同的形式，也可以以不同的方式储存。汽油、电池和食物都储存有能。能永远不会消失——只会从一种形式转变为另一种形式。例如，植物利用太阳能把水和二氧化碳气体转化成它们需要生长的能。我们食用食物，把食物的能转化成我们身体储存的能。

想一想

了解空气怎样产生压力

提示

注意要使用光滑的绳子。粗糙的绳子会产生摩擦，使你的火箭减速。

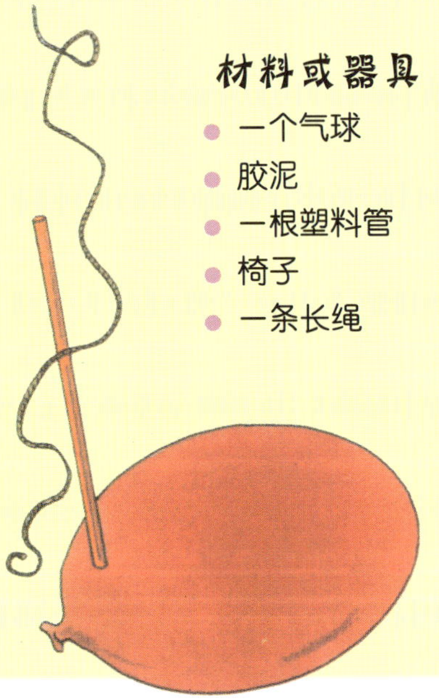

材料或器具

- 一个气球
- 胶泥
- 一根塑料管
- 椅子
- 一条长绳

1. 把绳子一头系在椅子背上。
2. 把绳子的另一头穿过塑料管（图1）。

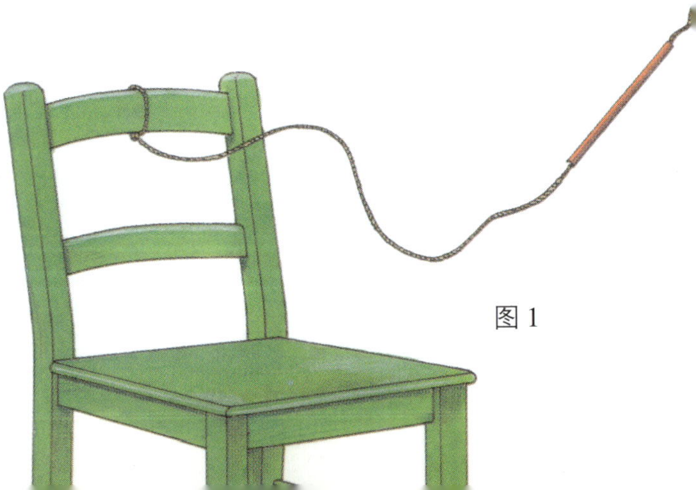

图1

3. 把绳子拉直，另一头系在屋里另一个固定物上，比如门把手。

4. 吹鼓气球，但不要扎住口，用手捏住。并把气球粘在塑料管上（图2）。

5. 松开气球，看看会发生什么情况。

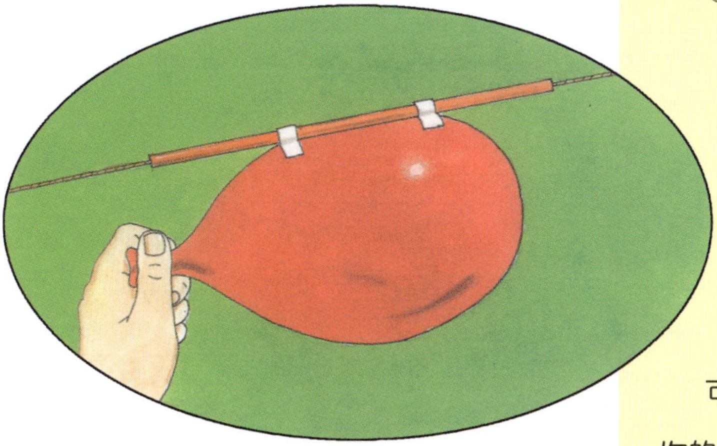

图2

实验揭秘

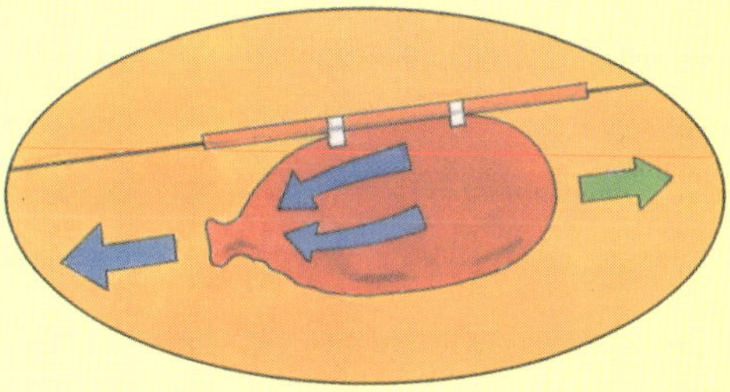

当你松开手的时候，气球里的空气被迫以高速泄出。这样就产生了“推力”——向前推动物体的力。由于塑料管可以轻易地沿着绳子移动，所以你的“火箭”也会随着运动，直到所有的空气都从气球里跑出来。用粗糙的绳子或麻绳再试试看，这时会发生什么情况。

浪费的汽车

甚至最高效的汽车也只是使用了燃油中储存能量的约百分之四十。其余的能量都用来克服摩擦或转化成了热能，热散入了空气中，而对汽车行驶没有任何帮助！

新知延长线

能的一个最主要的形式是热。热可以用于许多方面——从熔炉炼钢到家里的热水淋浴等等，热能帮我们做许多事情。

电产生热

倒入半杯凉水，测测其温度。用一根长绝缘铜线紧绕过温度计的下半部，露出两头。把温度计放入水中。把铜线的两头连接到一个电池的两极。现在，看看水里的温度计会出现什么情况。

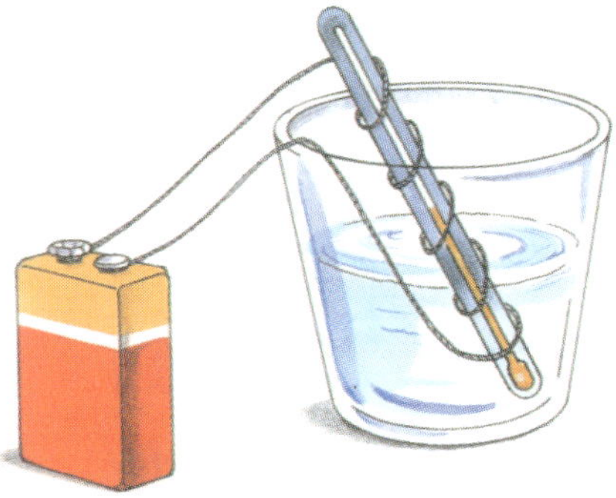

原来如此

把铜线连接到电池上，做成一个电路。当电流迅速通过电路的时候，就会产生热。热传入水中，水的温度就会上升。

神奇的跳动的球

看看能怎样从一个物体传递到另一个物体上

1. 把一个乒乓球和一个高尔夫球扔到地上，看看它们会弹起多高。
2. 现在把乒乓球放在高尔夫球上面，一起拿在手里，再扔到地上，它们会像右图中显示的那样落到地上。

原来如此

乒乓球会比平时弹得要高，这是因为，两个球同时下落，当高尔夫球落到地上时，它把能量传递给了乒乓球。

化学变化怎样使船行进

1. 用胶泥做一个船的模型，或用几张锡箔做一只轻船。把船帮做得高一些，以防进水（图1）。
2. 在船尾处扎一个小孔。

原来如此

船浮在水面上，水会慢慢通过小洞流进船里。水和发酵粉混合在一起，然后溶解。这时就会产生一个化学反应：形成二氧化碳气泡，气泡通过小孔泄入船后面的水里。这时发酵粉里的能转化成了推动船前行的能。当所有的发酵粉溶解后，船就会停下来。

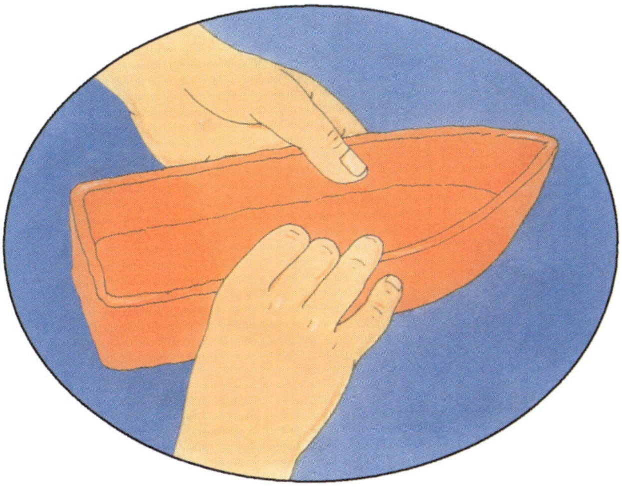

图 1

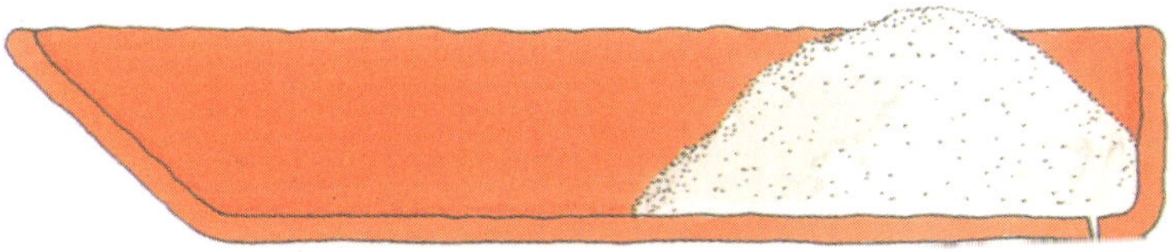

图 2

3. 在船尾的孔上面放一堆发酵粉（图2）。
4. 小心地把船放到水里，看看会出现什么情况。

我明白了……

我们已经了解了能以不同的形式存在——能可以产生动力，还可以产生热并把热传递给其他物体。无论什么形式的能，它都蕴藏在物质中，没有能，世界就会停滞。

第十三章　人体中的能量

触觉的恶作剧

人体是热和能同时起作用的最好的例子。身体保持活力需要能量。我们可以从食物中获取能量。我们的身体把这些原料转化成能量，有了能量，我们才能行走、说话和保持体温。我们消耗的能量越多——体力劳动和脑力劳动——需要补充的食物也就越多。

想一想

看看肌肉怎么工作。

提示

注意粘棒棒糖棍之前要把它们擦干净。

材料或器具

- 两个棒棒糖的棍
- 一个两脚钉
- 两根橡皮筋
- 胶泥
- 一把裁纸刀

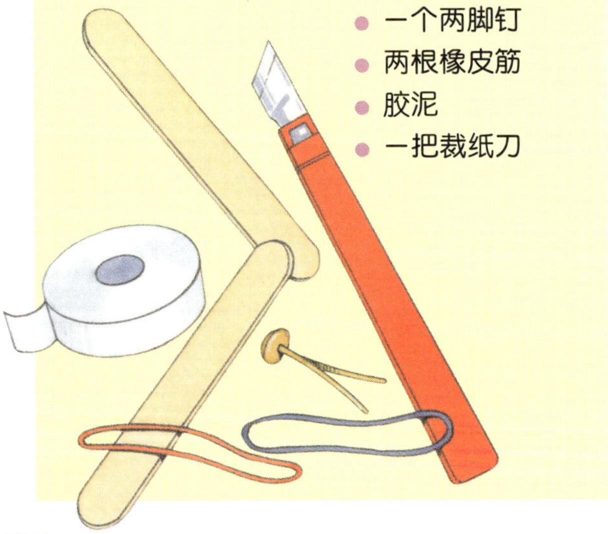

1. 用裁纸刀分别在两个棒棒糖棍的一头扎一个洞。注意不要太靠近尾部。
2. 把两个棒棒糖棍的洞对齐，用两脚钉穿过（图1）。把两脚钉的两只“腿”掰开，固定住棒棒糖棍。
3. 剪开两根橡皮筋，保持它原有的长度。

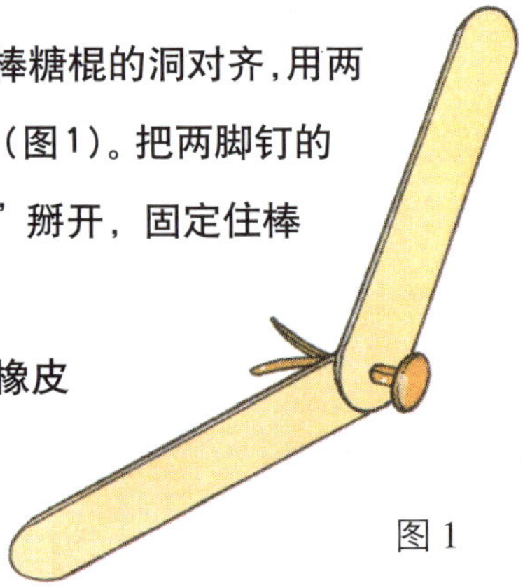

图1

4. 把橡皮筋的一头粘在一根棒棒糖棍的里侧。

5. 把另一头粘在另一根棒棒糖棍的内侧（图 2）。

6. 重复第四步和第五步，把另一根橡皮筋粘在棒棒糖棍的外侧（图 3）。

7. 轻轻向里向外掰动棒棒糖棍，看看橡皮筋会有怎样的变化。

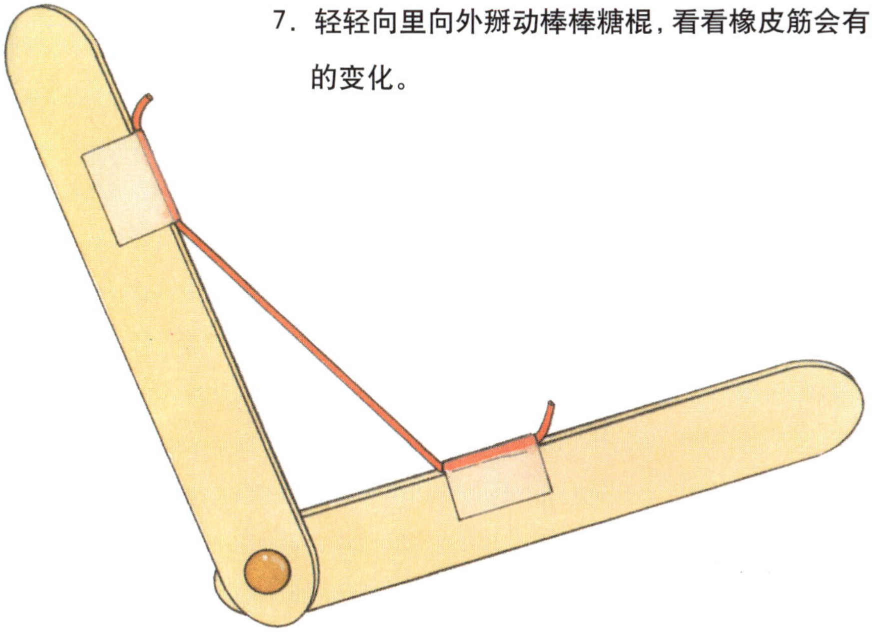

图 2

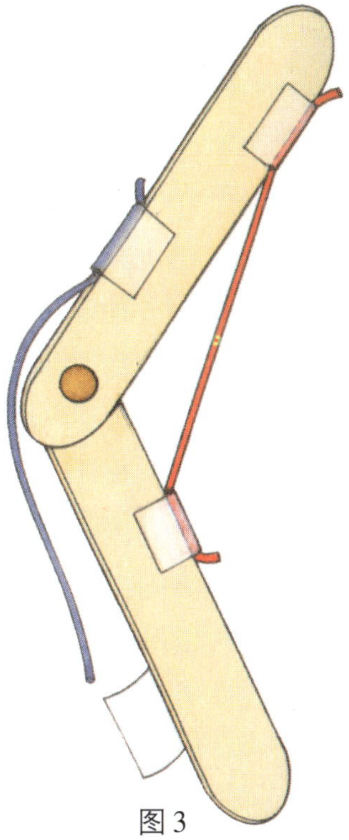

图 3

实验揭秘

肌肉的伸缩就像橡皮筋一样。当你上臂内侧的二头肌收缩时胳膊就抬了起来。胳膊外侧的肌肉收缩（三头肌）会把胳膊拉回到原来的位置。现在，弯曲和伸直你的胳膊，感觉这对肌肉的动作。

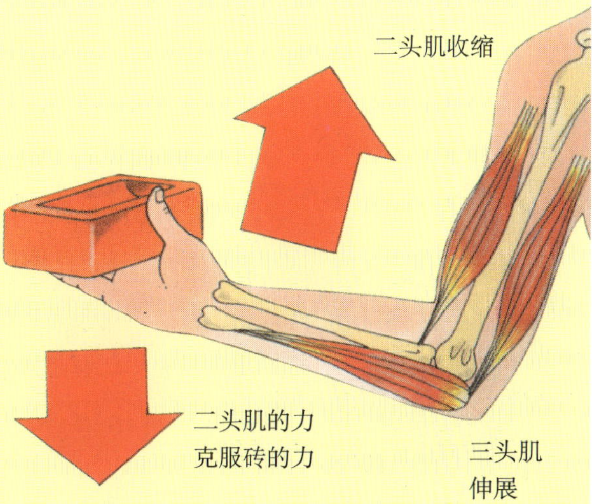

新知延长线

我们的身体活动需要热，但是过热或过冷的环境有时会对人们产生危害。我们的触觉会告诉我们，处在哪一温度限度之中对我们来说是安全的。

触觉的恶作剧

分别准备一碗凉水、一碗热水和一碗温水。把左手放在热水里、右手放在凉水里浸两分钟。现在把两只手同时放在温水里。这时你的两只手有什么感觉？

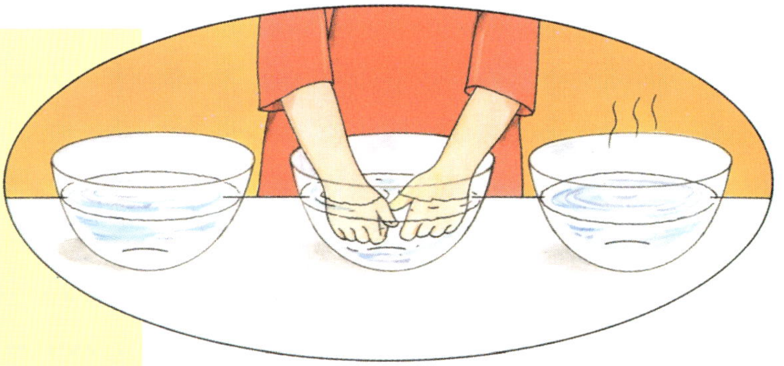

原来如此

你的右手习惯了刚刚浸入的凉水的温度，相比之下会觉得温水很热。你的左手则刚好相反，对它来说，会感到水凉。

保持凉爽！

你锻炼的时候，体温并没有升高，即使你觉得很热！这是因为你的体内有一个让你保持体温的聪明系统——汗腺。汗腺排出的汗把热从你体内带走。

戏弄你的胳膊

用能来戏弄你的肌肉

就像热戏弄你的身体一样，你也可以用身体需要的能量来戏弄它。

1. 站在墙旁边，尽量用力地推墙，坚持一分钟。
2. 现在离开墙，你的手臂竟会像施了魔法般的不自觉地向上抬起。

原来如此

你用胳膊推墙的时候，你的肌肉使用了很大的力。虽然你离开了墙，但是它们还会继续做功，抬起你的胳膊，即使你自己并没有意识到。

计算焦耳

每个人每天都要通过进食来获取生存需要的能量。我们所吃的食物和我们所饮用的饮料中所含的热量是用焦耳来计算的。看看你一天中所吃的食物上的营养成分表，把他们所含的能量加在一起，算算你吃进了多少能量，或说吃了多少焦耳的热。

我明白了……

没有食物作为我们能量的来源，人类就无法生存。通过消耗食物提供的能，我们获得了生存的动力。我们的身体有一些聪明的方法帮助我们对付过热或过冷的环境。

第十四章 风 能

风车怎样工作

我们使用的能源大多来自煤、油和气体，同时，我们还有许多其他产生能的方法。风能就是其中的一种。风能是一种可再生的能源，它可以发电为我们照明，可以使机器转动起来。人们还会把大量现代化的风车——涡轮——放置在多风的地区，利用风力来发电。

想一想

怎样测量风的速度。

提示

在你开始做实验的时候，把纸杯子的卷边剪掉，这样能使杯子更轻。

材料或器具

- 四个小纸杯
- 胶泥
- 厚纸板
- 胶或胶条
- 一支带橡皮头的铅笔
- 颜料和毛笔
- 图钉
- 剪刀

1. 把一个纸杯的外面涂上颜色，晾干。
2. 剪下两条厚纸板，摆成十字形，粘起来（图 1）。
3. 把杯子粘在纸条的每一端。注意杯口朝同一个方向（图 2）。

图 1

4. 用图钉穿过纸条交叉的中心点，钉在铅笔后面的橡皮头上（图 3）。

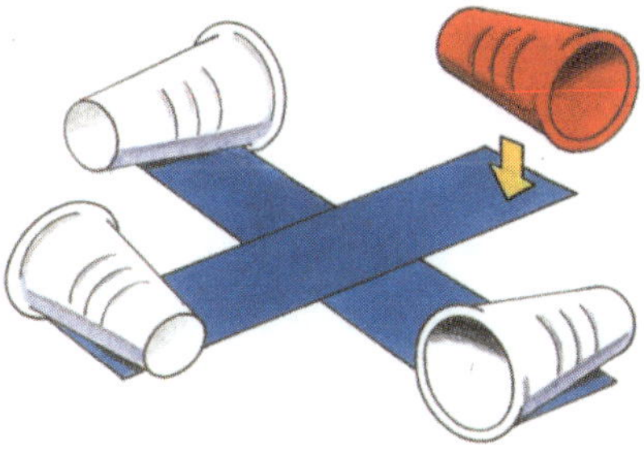

图 2

5. 把铅笔尖插进一团胶泥里。

6. 把你的风速计拿到室外，看看会出现什么情况。

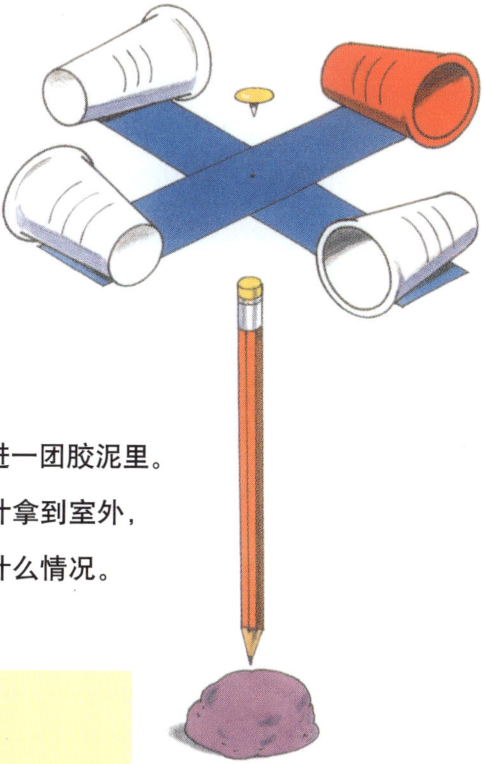

图 3

实验揭秘

风速计是一种能测量风的速度的装置。吹进敞口杯子里的风使它们旋转。数一数有色杯子的转数。风越强，杯子越轻，杯子就会转动得越快。风力可以用风每小时行走的千米数来表示。

飓风来了！

风力有时会特别强大。飓风是所有风里最强大的。它刮起来每小时可以达到 240 千米，它可以把树木连根拔起，摧毁房屋和任何挡在路上的东西！

新知延长线

当风力足够大的时候，就可以用来发电。巧妙地利用风，可以帮助人们开展一些娱乐活动。

自己做风筝

你需要两根棍、一个线球、一块塑料布、旧纸、剪刀和胶条。

1．两棍呈十字形交叉，用绳子系紧（图1）。

2．把这个架子放在塑料布上，将塑料布裁开，注意要让塑料布比架子四周略大。把布边折起来，包住架子，粘好（图2）。

3．把旧纸剪成2厘米宽、两倍于风筝长度的纸条，作为尾巴系在风筝的底部。

4．把两根长绳系在风筝的横棍上，然后把绳子系到线球上（图3）。

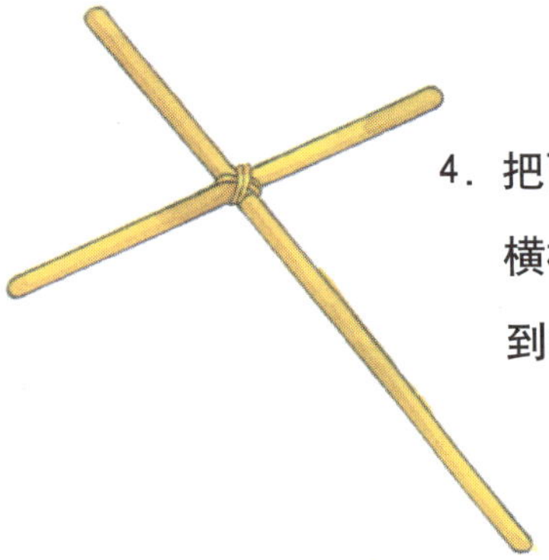

图1

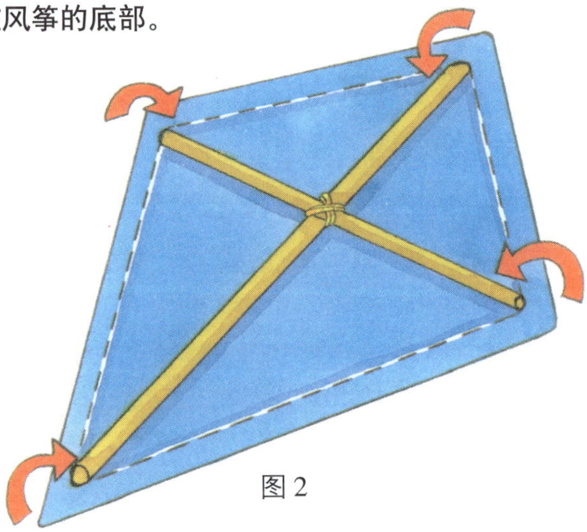

图2

5．等待有风的日子，出去放风筝。

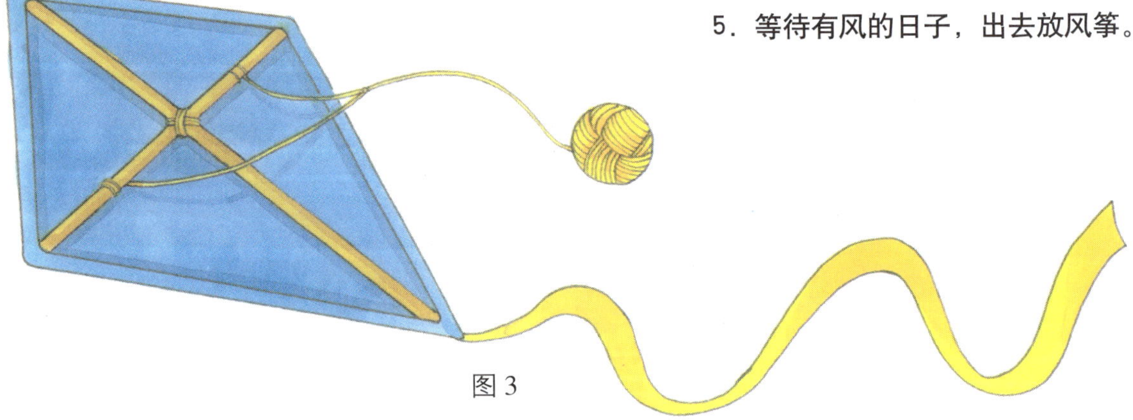

图3

看看风车怎么工作

1．在一个正方形卡片的中心画一个点。从每个角往这个点画一条线，但只画到中间（图 1）。

2．沿着这些线剪开卡片。把每条线左边的角往中心的点折过去（图 2）。

3．把所有的角连在一起。然后用图钉穿过卡片中心钉在一根棍上（图 3）。

4．把你的风车放在多风的地方，看看风怎样吹动风车的叶片，并使它们转动。

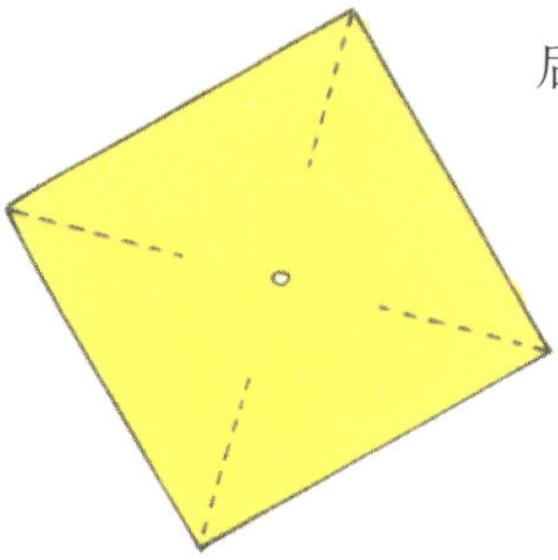

图 1

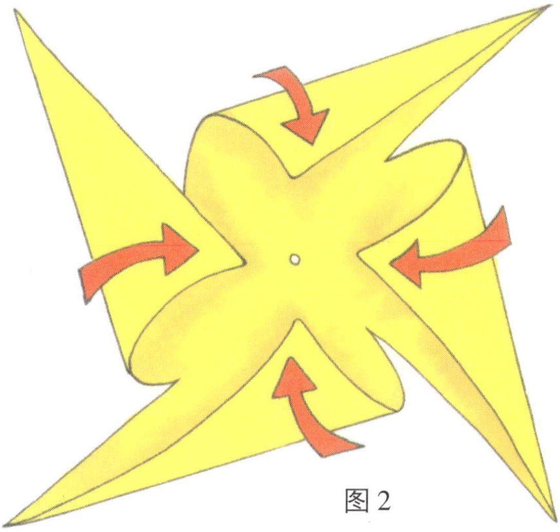

图 2

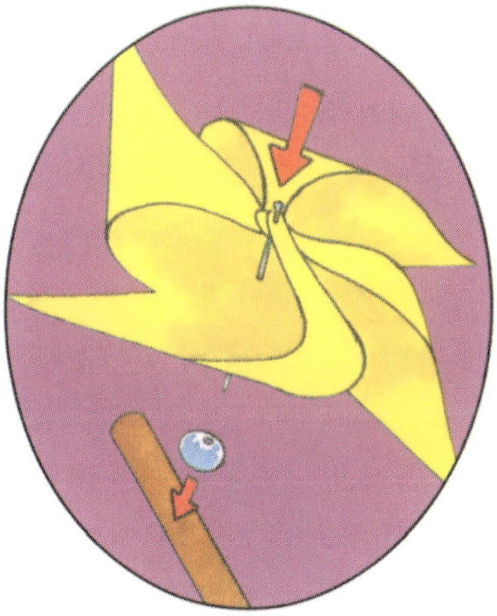

图 3

做一个风铃

收集不同的物件做一个风铃——贝壳和金属物品都可以。用一张硬纸剪一个圆，在圆纸的周围扎几个小洞，把准备好的物件用绳子挂在上面。再用绳子把风铃吊在多风的地方。听听它们相互碰撞所发出的声音。

我明白了……

风是一种强大的、难以预料的自然力，人们长久以来一直利用风来发电。风也可以用于其他用途——利用风声吓唬鸟，不让它们吃庄稼。风也被用在许多体育运动中。

第十五章　水　能

做一个喷雾器

水是地球含量最丰富的能源之一。但是，必须以正确的方法加以利用。利用水力发电的大坝几乎占到了世界发电量的百分之二十。水被储存在大水库里，然后通过涡轮机来发电。在有大河大湖的地区，比如斯堪的纳维亚和北美，主要靠水力发电。

想一想

水怎样使涡轮机转动。

提示

要确保你的水轮能够在瓶子里转得开。

材料或器具

- 一个大透明塑料瓶
- 一把改锥或一支尖头铅笔
- 一个软木塞
- 一根吸管
- 一把裁纸刀

1. 小心地用裁纸刀在瓶子侧边切下一个窗口（图 1），注意切下来的部分要完整（参见第 4 步）。
2. 用刀尖在窗口的两侧各扎一个孔，使吸管能够穿过去。

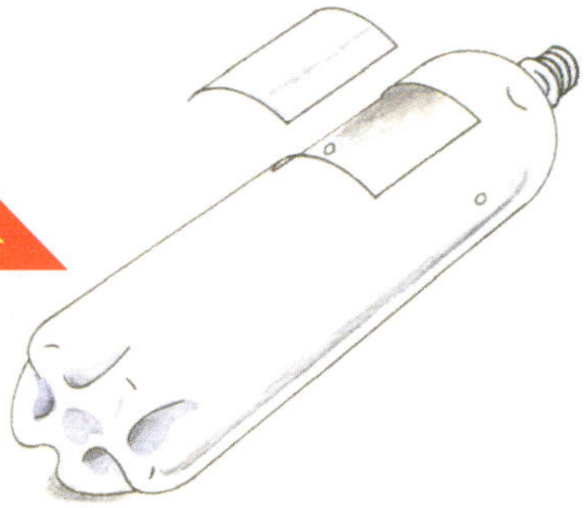

图 1

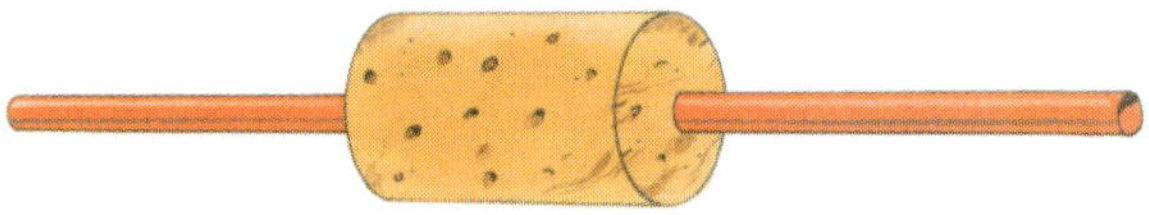

图 2

3. 用改锥或尖铅笔在软木塞中心钻一个洞。让吸管从洞中穿过（图 2)。
4. 把你刚才从瓶子上切下的塑料片平均剪成六片。把这六片塑料以相等间隔插进软木塞（图 3)。

实验揭秘

水轮——或称为涡轮——会随着水冲在叶片上的重力而旋转。当一个叶片被推下去后，轮子转动，水会落在下一个叶片上。只要水不停地流动，轮子就会不停地转动。试试看，调节水量的大小，看看水轮的转速是不是有所改变？等瓶子装满了水，可以把水倒出来，再重新开始。

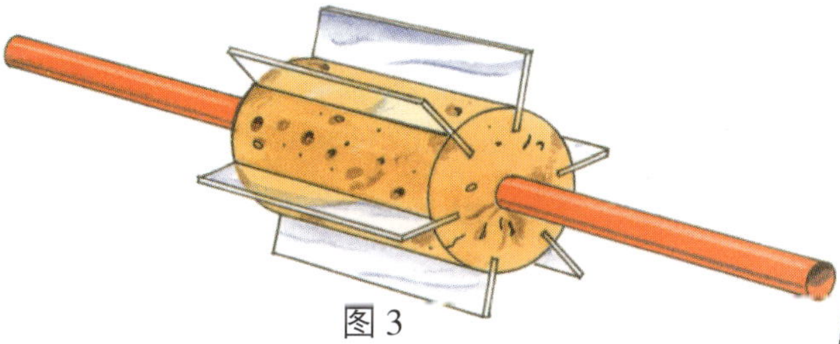

图 3

5. 把吸管的两头穿过瓶子窗口两侧的孔。
6. 把瓶口对准自来水，用水冲，看看会发生什么情况（图 4)。

图 4

新知延长线

水覆盖了地球表面百分之七十一的面积，难怪人类总在试图找出各种各样的方法来利用它。

做一个喷雾器

把塑料瓶子的底剪掉，把一根吸管穿过胶泥，再用胶泥封住瓶口。再把另一根吸管与第一根对接，做成U字形（图1）。在一个塑料盘底的两端扎两个孔。把瓶子倒置，让U形吸管穿过这两个孔。用胶泥把瓶子口封在其中一个孔上面。把盘子放到碗里，往瓶子里注入液体，看看会出现什么情况（图2）。

图 1

图 2

原来如此

从倒置的瓶子流出的水的重力会形成“喷泉”。这个重力形成了压力。瓶子里的水越多，压力越大，喷出来的水柱就越高。

惊人的能量

尼亚加拉瀑布是世界上最大的天然发电厂。它有一半的水流量被用来推动涡轮机，为美国和加拿大供电。

热和水驱动的船

1. 找一个一头封死的金属管，在管子的盖上用锤子和钉子砸一个小孔（图1）。如果你的管子没有盖，那就把一个软木塞中心扎个洞，再把软木塞封死在管子的一头。
2. 往管子里倒入一半热水，然后把盖子拧紧。
3. 用胶泥和粗铁丝把管子支起来固定在锡箔盘子的底部（图2）。

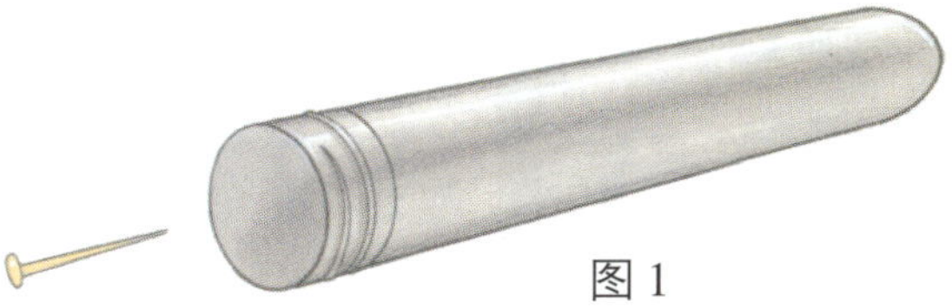

图1

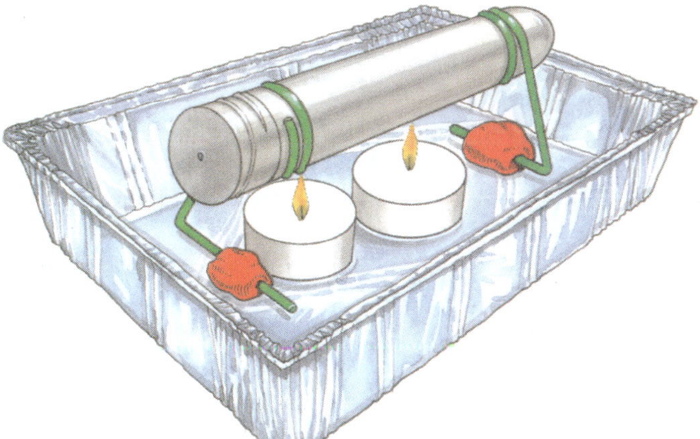

图2

原来如此

蜡烛的火苗加热了管子里的水，使水沸腾。接着水会变成蒸汽，蒸汽比液态的水占据更多的空间，于是就会通过盖子上的小孔向外泄出。这样就使得船向前移动。

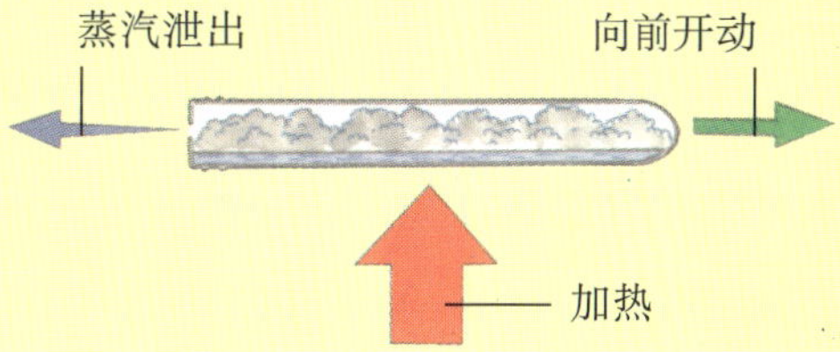

4. 把两根蜡烛放在管子下面，尽可能离管子近一些。
5. 把你的“船”放到水里。现在，点燃蜡烛，看看会出现什么情况。

我明白了……

水能——流动的，或下落的水的力——可以作为一种有效的发电方法。在蒸汽机里，热被转变成动能。水被加热，膨胀而成为蒸汽。蒸汽的力可以被用来驱动船只或蒸汽火车。

第十六章　太阳能

太阳帮我来做饭

来自太阳的能被称为太阳能。它是以热和光的形式为我们提供能量的。万物生长靠太阳。没有它，植物无法生长，动物就没有了食物。科学家一直在探索利用太阳能的方法，比如利用太阳能驱动发电机，或用于家庭取暖。

想一想

怎样利用太阳能做饭。

提示

选择那些不需要花太长时间加工的食品。

材料或器具

- 一个鞋盒
- 薄纸
- 锡箔
- 要加工的食品
- 木扦或金属扦

1. 把鞋盒剪成图1所示的形状，在突起的两翼中心对称地各扎一个孔。
2. 剪一条卡片，要正好适合盒子的开口弧度，把卡片包上锡箔，发亮的一面朝外（图2）。

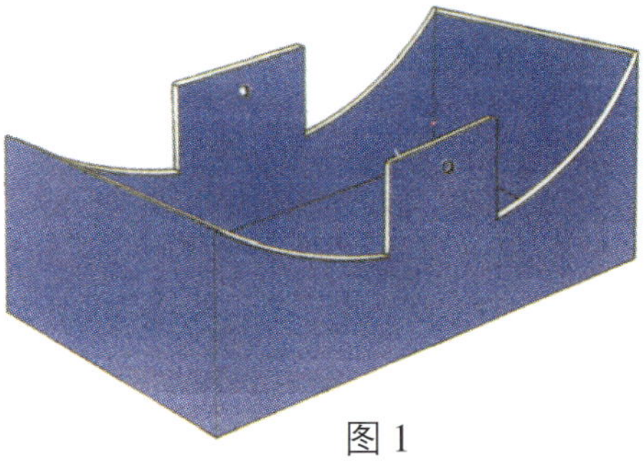

图1

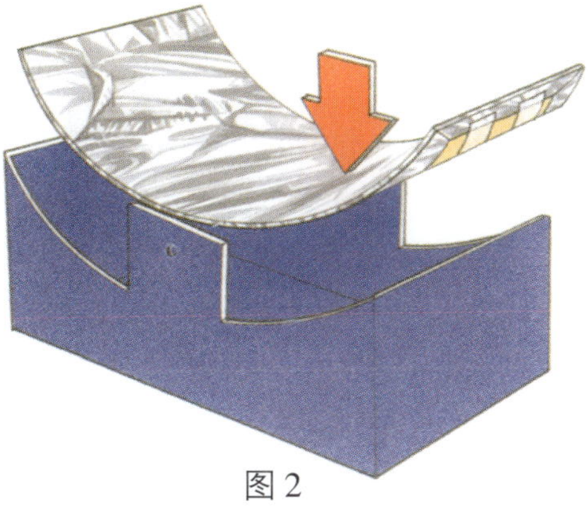

图 2

3. 把卡片粘在盒子上。
4. 把扦穿过一个孔，把你要加工的食物穿上去，然后再把扦穿过另一个孔，这样就做成了一个简易的“太阳能烤炉”（图 3）。
5. 把你的“太阳能烤炉”放在阳光下，让太阳烘烤食物。

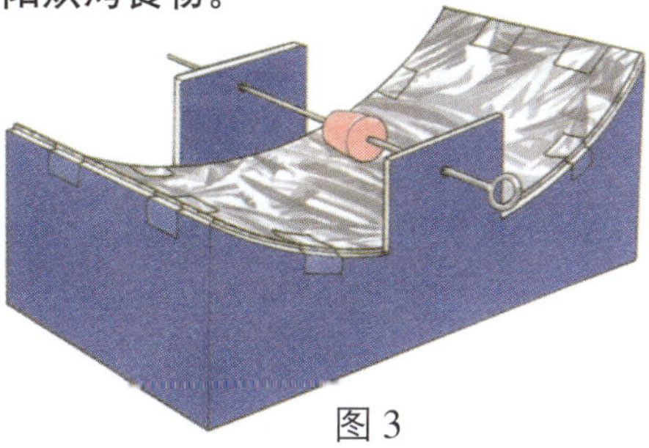

图 3

实验揭秘

太阳的光蕴藏巨大的能量。锡箔像镜子一样反射太阳光，由于卡片弯成弧形，所以锡箔可以把光汇聚在要加工的食物上。这样食物就会慢慢变热，过一会儿，食物就能被烤熟。

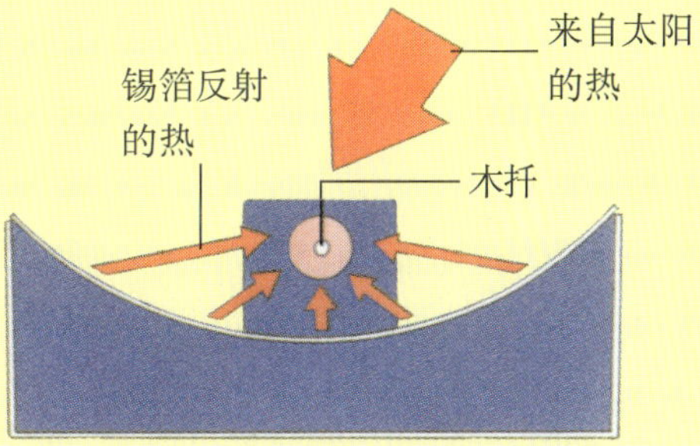

太阳能汽车

靠太阳能提供动力的汽车，利用的是来自太阳的能和太阳能电池所储存的能量。性能较好的汽车，仅仅依靠太阳能就可以穿越澳大利亚（3000千米）。

新知延长线

科学家一直在寻找利用太阳能的新方法——不仅作为热源和光源，而且还能把它转化成新的能源形式。

留住太阳的热

在两个相同的罐子中倒入两杯凉水。分别在每个罐子里放入五个冰块。其中一个罐子用塑料袋罩住，把口扎紧。然后把两个罐子放在阳光充足的地方。一个小时以后，看看冰融化了没有，测量每个罐子里水的温度。

原来如此

在强烈阳光的照射下，捂在塑料袋里的空气变得很热。照得时间越久就越热，冰就融化得越快。而另一个罐子的热蒸发了，所以相比之下，冰需要更长的时间才能融化。温室就是依据这种原理工作的。

利用太阳能做砖

四把土和草混合在一起（类似胶泥的土会比沙土更好）。加水，搅拌这些混合土，但不要成泥。把一个小盒子的底剪掉（图 1）。把盒子放在一块硬板上，然后把搅拌好的混合土倒进去，压实。放在阳光下，晒干，然后把土取出来（图 2）。太阳能为你烤制的砖非常结实，能够用来盖房子。

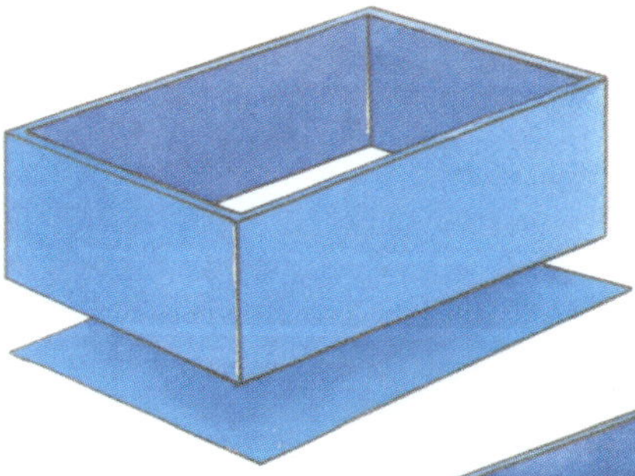

图 1

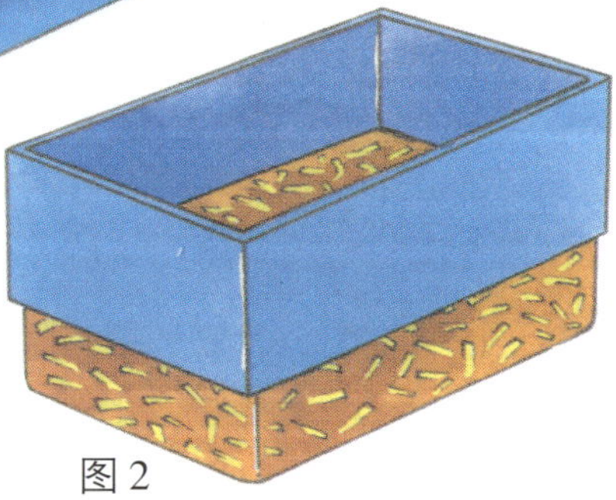

图 2

神奇的看不见的“墨水”

利用柠檬汁和太阳能

1. 切开一个柠檬，把汁挤进杯子里。
2. 用一根牙签作为笔，蘸着柠檬汁在白纸上写字。注意不要蘸得太多。
3. 把纸放在太阳下烤干。

看看你的密信会出现什么情况。

原来如此

来自太阳的热把柠檬汁烤干，成了褐色。现在你可以看到白纸上写的字迹了。

太阳能印刷术

选择几样你想印刷的物品——树叶和花都可以。把它们摆在一张深颜色的彩纸上。把纸放在阳光直射的地方。三天后把物品拿开。阳光使纸褪了色，但是物品下面的纸仍然保持原来的颜色。

我明白了……

我们已经了解了太阳能对于地球上的生命是必不可少的，它提供了万物生存所必需的热和光，除此之外它还能被利用来驱动汽车等等。太阳能既干净又经济，科学家希望利用更多的太阳能为人类造福。

第十七章　潜　能

爆米花的能量

能不仅储存在电池里。看看你的四周，你会发现能还潜藏在很常见的东西里。从水果、蔬菜到你早餐食用的麦片，能无处不在。发现暗藏的能很容易——它存在于万物之中——难的是怎样利用它来为我们服务。

想一想

怎样利用柠檬把灯泡点亮。

提示

在开始做实验之前，先用手把柠檬在桌上揉一揉，让它软一点。

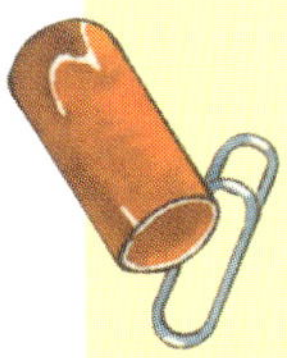

材料或器具

- 一个柠檬
- 两根长铜线
- 一个曲别针
- 一个小灯泡（手电筒里用的灯泡）
- 一小节铜管

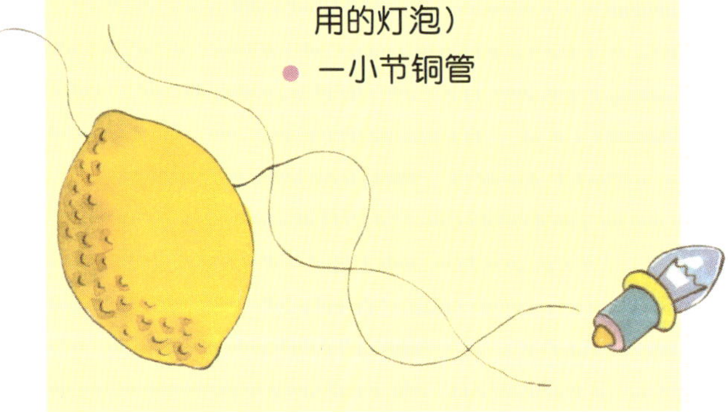

1. 展开曲别针，弄直，把曲别针的一头从柠檬的一侧插进去。
2. 小心地把铜管从柠檬的另一头插进去（图 1）。

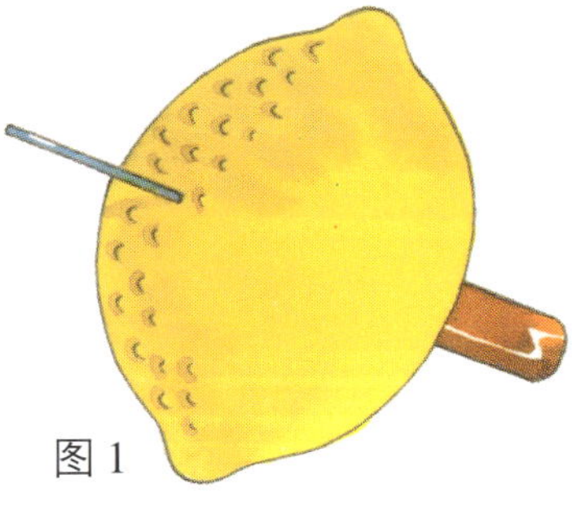

图 1

3. 把一根电线的一头绕在展直的曲别针上。另一根电线的一头绕在铜管上。

4. 把电线的另外两头连在一个小灯泡的底部，当成电源的正负极（图2）。看看会出现什么情况。

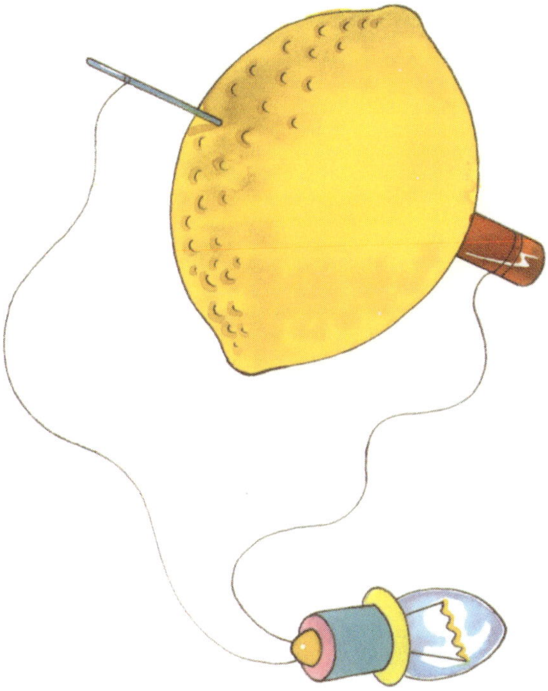
图2

实验揭秘

柠檬汁和两种不同的金属——铜和铁——起反应而产生了电流。柠檬汁可以在两个金属之间导电。当接通电线的时候，一个闭路电路就形成了，电流从柠檬汁通过铜线和曲别针，点亮了灯泡。

你也可以用其他柑橘类的植物或土豆做这个实验。

冒热气！

有时你把两种物质混合在一起的时候，就会产生化学反应。以热的形式起反应就会产生能。例如把水和熟石膏（用于雕塑）混合在一起会散发出热量。

新知延长线

可以用不同的方法发现储存在物体中的能——一种方法是对物体加热，另一种方法是把物体混合起来。

爆米花的能量

在锅里倒入少量的油，给玉米粒加热并盖上盖子，直到所有的玉米粒爆开。取出一粒玉米看看，有什么变化？随着每粒玉米受热和爆开，玉米中的水受热膨胀，使里边的瓤露了出来。

胶卷盒炸开

利用化学反应产生气体

1. 把一勺醋倒入一个空的塑料胶卷盒里。
2. 用绵纸包起一勺苏打。
3. 把绵纸包放进胶卷盒里，立即盖上盖子。
4. 站远一点，看看会发生什么情况。可能需要一些时间，所以要耐心，在此期间不要打开盖子。

原来如此

当苏打在醋里溶解后，会产生化学反应生成二氧化碳气体，气体的压力会把盖子顶开。

花生里的能量

1. 小心地把针头插进一颗花生里，另一头插进一个软木塞中。
2. 用铁扦刺穿一个小罐的两侧，在罐里放一点凉水。把铁扦搭在两块砖上，要正好放在花生的上面（图 1）。测量水温。
3. 用火柴点燃花生。再在周围放两块砖（图 2）。

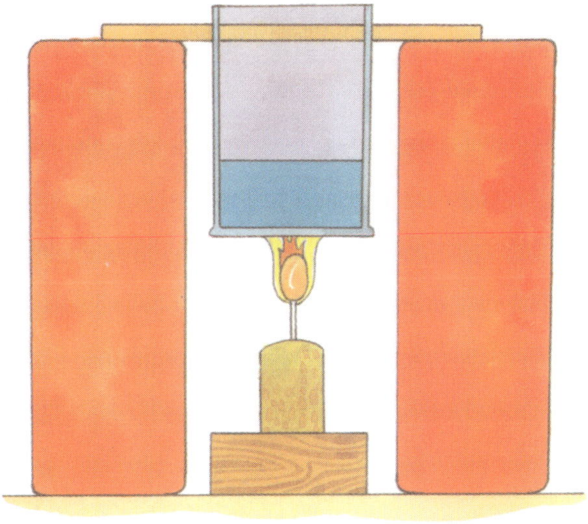

图 1

图 2

4. 当花生烧着的时候，再测量一下水温。

原来如此

花生中蕴藏着能。当你点燃花生时，花生里的油会燃烧，能量就会释放出来，转化成热能。热能使水温升高。

我明白了……

能无处不在，但是要获取它非常不容易。不同的物质以不同的反应方式产生能。科学家一直在探索释放并利用能的方法。

第十八章　动　能

做个活动坦克

你能够想象如果没有汽车或火车、轮船或飞机，世界会是什么样子吗？仅仅靠你的双脚，是没办法到一个更远的地方去的。没有能，这些交通工具都将成为一堆废品。利用燃料和电池储存的能为我们日常的交通提供了能源。甚至帆船也要利用风能才能航行。所以，能真的是无处不在。

想一想

风如何驱动赛车。

提示

如果你找不到棍，可以用细塑料管代替。

材料或器具

- 一个硬纸筒
- 一张餐巾纸
- 一根尖铅笔
- 三根棒棒糖的棍
    - 两根长棍（穿线轴用）
    - 胶
    - 四个线轴

1. 用铅笔尖在硬纸筒两侧的平行位置各扎两个孔。孔的位置在中间偏下一点（图1）。

图 1

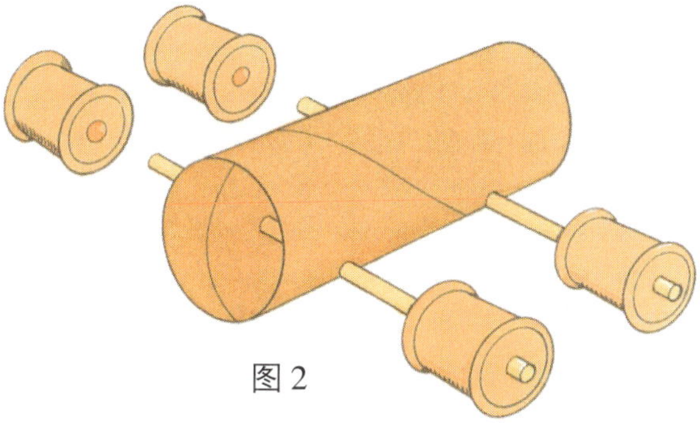
图 2

2．把小棍从孔里穿过去。

3．把线轴穿在每边的小棍上——赛车轮子就做好了（图 2）。

4．在硬纸筒的上边扎一个孔，插进棒棒糖棍作为桅杆。

5．用纸巾和两根棒棒糖棍做一面帆，把帆粘在桅杆上。

6．用吹风机，或用嘴用力吹帆，看看你的赛车会出现什么情况（图 3）。

实验揭秘

赛车的帆兜住了你从后面吹过来的风，风的力量推动了帆，帆拖动赛车的轮子向前走。没有风，你的赛车根本不可能动。试试看，从不同的角度吹风会是什么结果。

图 3

你也可以根据你的喜好做不同样子的赛车。帆的大小对赛车行进的速度有影响吗——是不是大帆比小帆的作用更大？赛车的重量也会影响行进的速度吗？试着用鞋盒做一个重型赛车，看看它能和小赛车走得同样快吗？也可以用不同的方法推动赛车。你是否能找到一种方法，利用缠绕的橡皮筋或气球提供能量吗？

新知延长线

风能和水能可以起到推动物体的作用，而能也是可以储存的。例如我们常见的橡皮筋就可以储存能，然后释放出来推动带桨的船或坦克。

做一只带桨的船

把两根火柴的头剪掉，粘在火柴盒内盒的两侧。把内盒推回到外纸壳里，火柴棍露在外边。在两根火柴棍间拉一根小橡皮筋，在橡皮筋中间插一张卡片。把卡片朝你的方向绕几圈。然后把这只带桨的小船放在水里，松开卡片。

原来如此

当松开橡皮筋时，已经有了足够的能来转动船桨。转动的桨划着水，使船往前走。

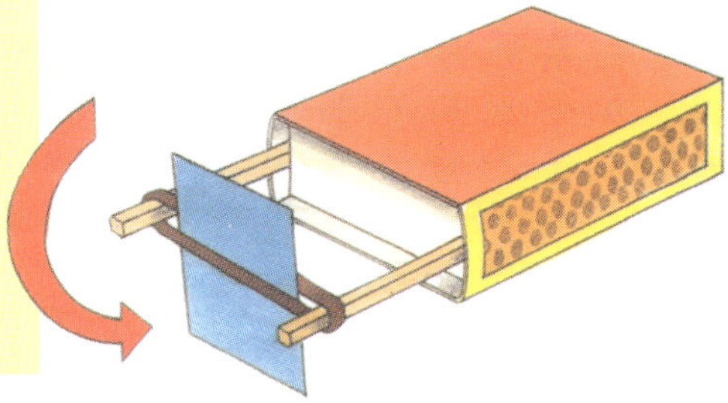

神奇的滚筒

利用橡皮筋产生能量

1. 请一位成年人在一个旧涂料罐的盖和底上各扎两个孔。
2. 剪断一根大的橡皮筋，成为一根单根的橡皮带。
3. 把橡皮带的两头穿过罐子底部的孔，注意让橡皮带在中间交叉。
4. 在橡皮带交叉处系一个螺母。把橡皮带穿过盖子上的孔后打个结。

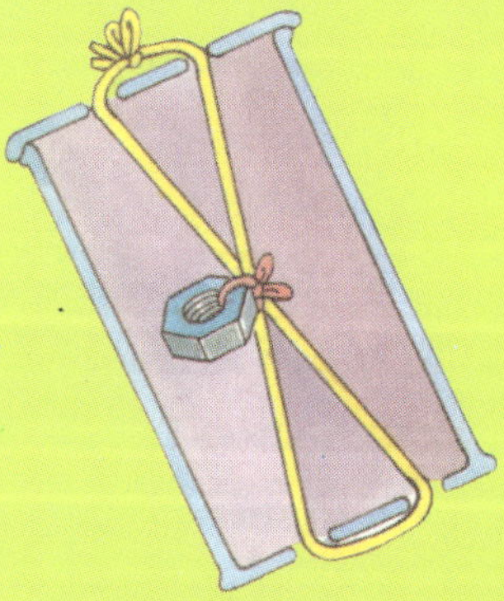

5. 向前轻轻滚动罐子。

原来如此

小罐还会向你的方向滚回来，这是因为螺母的重力把螺母往橡皮筋下面拉。也就是说，当你往前推罐子时，橡皮筋卷了起来。当你松开时，橡皮筋的能驱动小罐自动往回滚动。

卷绕橡皮筋，做一个活动的坦克

1. 拿一根橡皮筋穿过线轴。把一根火柴套进橡皮筋，粘在线轴的一端（图 1）。
2. 切下一小截蜡烛，用铅笔在中间扎一个孔。

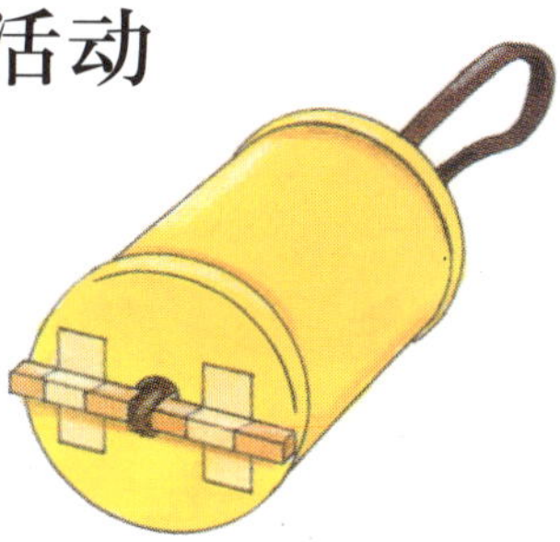

图 1

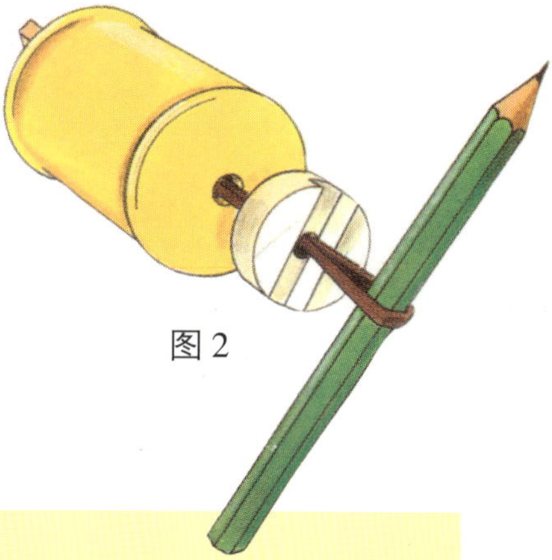

图 2

原来如此

卷绕线轴里的橡皮筋，就是在为你的坦克上发条。松开手，橡皮筋就会往回绕，释放出它储存的能量。粘起来的一头不可能动，所以套着铅笔的一头就会转动。铅笔拍打着桌子或地板，坦克就往前开动了。

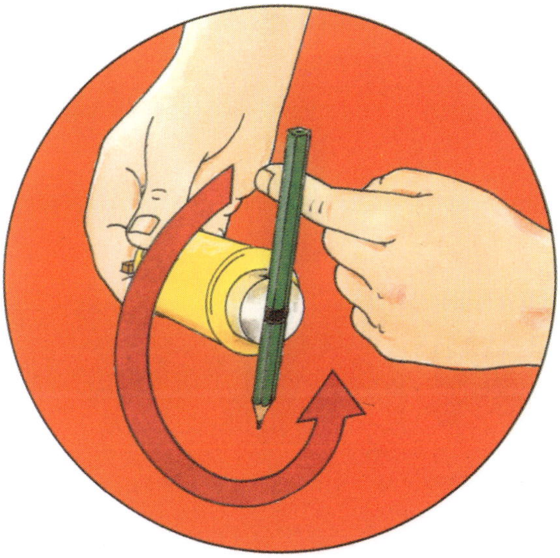

图 3

3. 把橡皮筋套穿过蜡烛，然后把铅笔穿过橡皮筋套（图 2）。
4. 转动铅笔，给你的坦克上紧发条（图 3）。
5. 松开发条，看看你的坦克是不是出发了？

我明白了……

能的一个主要作用是使物体运动。有许多方法产生这种能量：例如利用可再生的能源，比如风和水；燃烧油等燃料使之转化成动能为车辆提供动力；也可以巧妙利用像橡皮筋储存的弹力产生的能。

第十九章　能无处不在

石头煎锅煎鸡蛋

天然的能无处不在，在万物身上都可以找到，需要的只是把它释放出来。鸟利用风能节省自己的能量，不费力气地长途飞翔。植物利用太阳能帮助自己生长，它们还利用风能传播种子。太阳能也可以用来在最干燥的沙漠或者含盐量最高的沙滩生产干净的饮用水。

想一想

用太阳能做一个水龙头。

提示

注意要选择阳光充足的日子做这个实验。

材料或器具

- 一个杯子
- 一些大鹅卵石
- 一块塑料布

1. 在花园里能照到阳光的地方挖一个小深洞（注意要事先得到许可）。下一次你也可以到沙滩上做这个实验。
2. 把小杯子放在洞底。
3. 把塑料布铺在洞上面，用鹅卵石或小石块压住四边。

图 1

4. 把一块中等大小的鹅卵石放在塑料布中间，让布稍稍下沉（图 1）。
5. 把杯子放在洞里，过一夜（在沙滩上做，时间要尽可能长一些），然后看看会出现什么情况。

实验揭秘

太阳的热使塑料布下面的土或沙子变热。这样就使得储存在沙子里的水分蒸发。水蒸气往上升，聚集在塑料布上，凝结成水，集中在中间一点，然后滴落在杯子里。

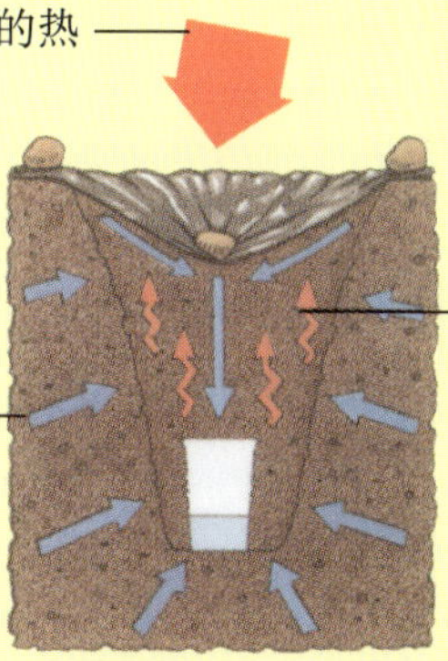

石头煎锅

有一些国家，阳光特别强烈，那里的石头被晒得能像你家的炉灶那么热。实际上，你都可以在上面煎鸡蛋！

新知延长线

人类已经发展到可以有效地利用我们周围的自然能源了，人类的有些发明还是受到了鸟、动物或植物的启发呢！

无花果的种子怎么飞走

1. 在一张纸上按照图1的样子画下来。大小都可以。然后沿所有的实线剪开。
2. 按照虚线，A部分朝向你的方向折，B部分朝相反的方向折（图2）。
3. 仍然按照虚线，把D部分和C部分对折，让它们叠在一起（图3）。

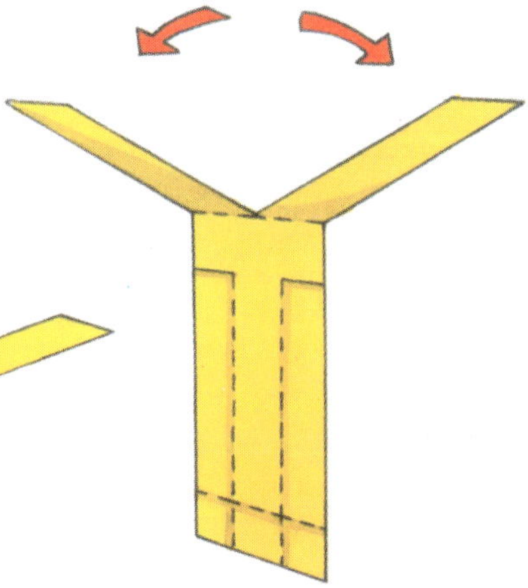

图 2

图 1

4. 把底部沿虚线往上折，别一个曲别针，以增加重量(图4)。
5. 把你做的这个模拟无花果种子举过头顶。然后松开手，看看会出现什么情况。

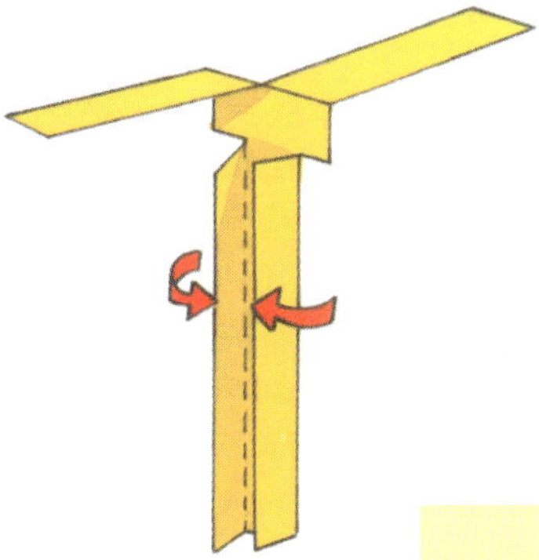

图 3

图 4

原来如此

当“种子”飘落下来的时候，风吹到叶片上，使它们旋转。旋转的叶片会把“种子”带到空中。这样，“种子”就有可能找到一个离开母体生长的地方。

物体怎样滑行

1. 在一张 A4 的纸上，沿中间画一条线。把上面的两个角对准中线往下折（图 1）。
2. 再把上边的两个角往中线折（图 2）。
3. 把纸沿中线向内对折，然后把两翼往两侧折，底边对齐（图 3）。
4. 把两翼粘起来（图 4）。现在，可以让你的滑翔机飞翔了。

原来如此

滑翔机之所以飞得特别平稳，是由于它的形状呈流线型。空气可以容易地从机身旁边流过，不会减慢飞行的速度。滑翔机利用上升的暖气流，没有发动机也能在空中滑翔。因为暖气流比冷气流轻，更容易托着滑翔机一起往上升。鸟就是以同样的方式节省能量在空中滑翔的。信天翁甚至可以几天不扇动翅膀在空中翱翔。

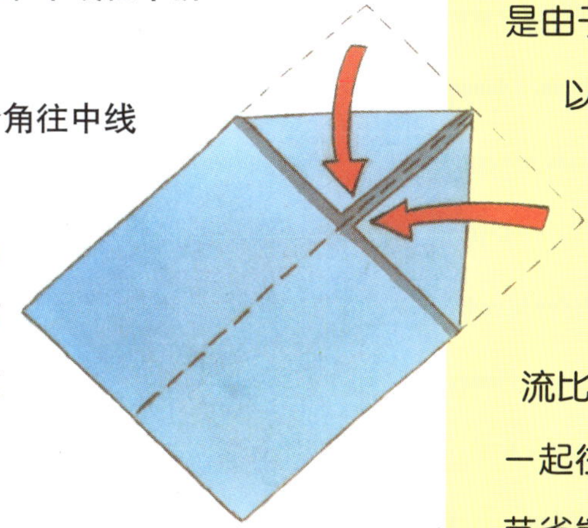

图 1

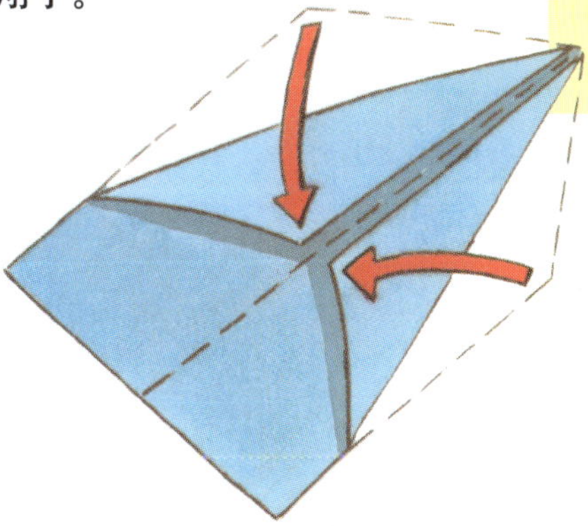

图 2

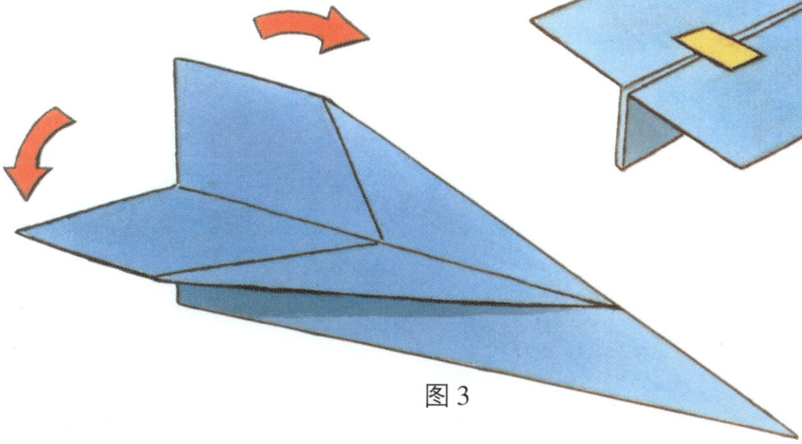

图 3

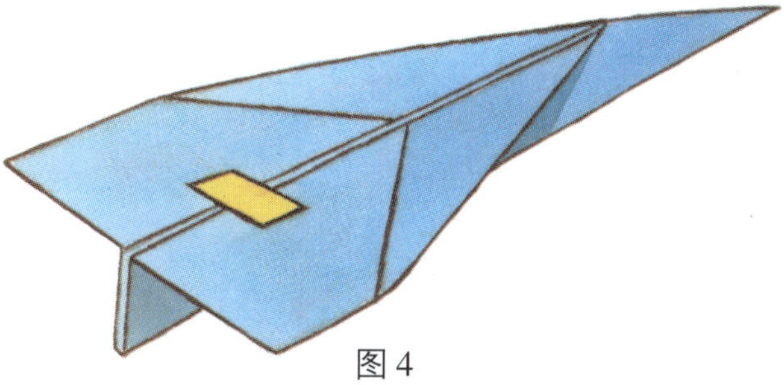

图 4

用太阳能净化水

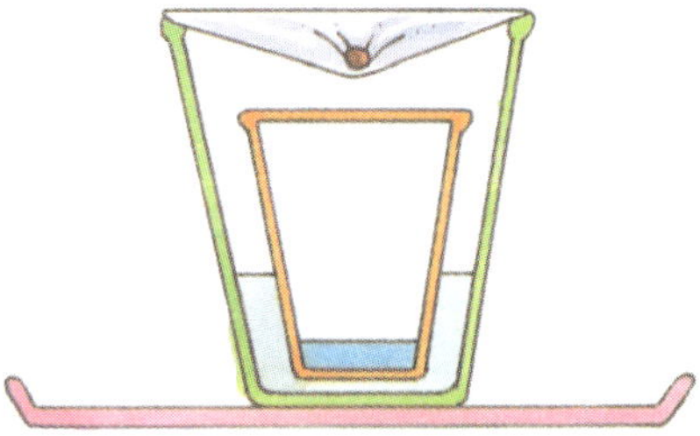

往一个大玻璃杯里倒入三分之一盐水，然后在里边放一个小塑料杯，让它浮在水面上。把一张塑料包装纸铺在玻璃杯上面，注意要用橡皮筋固定住。把一块小石头放在塑料布中间，使中间向下沉。把这个玻璃杯放在一个金属烤盘上，放在室外太阳地里，第二天早晨再去观察发生了什么变化。

原来如此

太阳的热使玻璃杯里的水蒸发，把盐剩在了杯子里。蒸发后凝结成的小水滴会聚集在塑料布上，再滴到小杯子里。

神奇的冷却冰箱

用水和花盆保持饮料冰凉

1. 把一个泥花盆浸在水桶里，过一夜。
2. 倒一大碗凉水，把一罐饮料放在碗里。
3. 把花盆倒扣在饮料罐上，放在碗里。
4. 用一块小石头堵住花盆底部的小孔。
5. 放在太阳底下晒几个小时，看看饮料罐的温度会有什么变化。

原来如此

阳光使花盆表面的水蒸发，产生冷却的效果。阳光使碗里的水蒸发而使花盆聚集了更多的水，所以，即使阳光很强烈，饮料罐也会一直保持冰凉。冰箱的工作原理也是如此。

跳得好高！

你知道跳蚤能跳到比自己的个头高出20倍的高度吗？照此推算，人类就应该能跳过35米的高度。

豆子利用储存的能和太阳能生长

把一张餐巾纸浸湿，铺在一个盘子上。把一颗豆子浸泡一夜，放在餐巾纸上。把盘子放在暗处，看看会出现什么情况。几天后，豆子开始生长。最初的几天，它消耗自己体内储存的能量。之后，把盘子放在能照到阳光的窗台上。这时豆子将利用太阳能制造养分供自己生长。

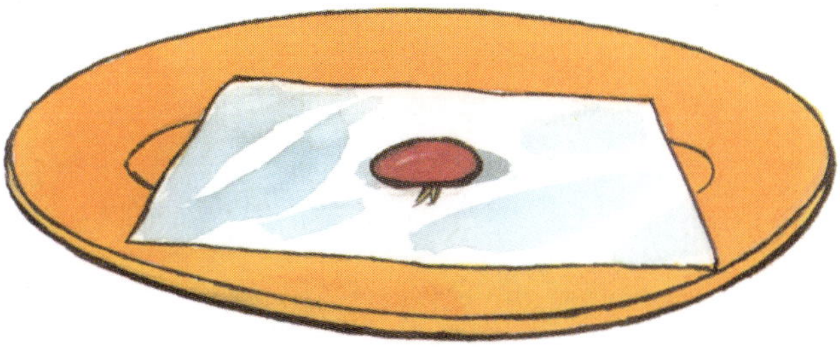

我明白了……

我们已经知道，能在我们周围的自然界中无处不在。鸟儿利用风能飞翔，种子利用风能传播，人们从它们身上得到启发，想出了一些巧妙的设计和发明。植物利用太阳能和自己天然储存的能生长。所有的生物，包括我们自己在内，都在利用能成长，利用能活动。

术语表1：化学篇

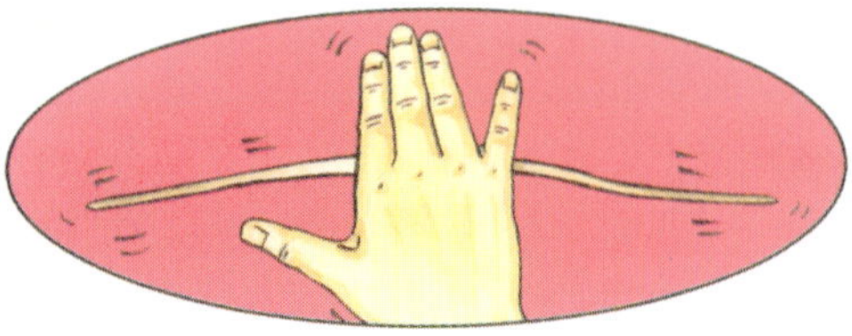

原　子

构成物质的最小单位。

化学反应

化学反应指的是两个或更多的物质互相作用而产生的一种化学变化。

密　度

一个物体单位体积的质量。一升水比一升空气重，所以水的密度比空气大。

电　解

让电流流过一个物体而产生的化学反应。电解可用于给物体表面镀铜或银。

离　子

带电的微粒。这个微粒带正电或负电。

微生物

形体微小、构造简单的生物的统称。我们所知道的酵母就是微生物。

分　子

由两个或两个以上的原子组成的微粒。例如，每一个水分子含有两个氢原子和一个氧原子。

氧　化

物质跟氧化合的反应。如铁氧化生成新的化学物质——氧化铁。铁锈是一种常见的氧化铁。

相　变

一个物体从一种形态到另一种形态的变化。例如，巧克力融化，从固体变成液体，或者水蒸发，从液体变成气体。

物理变化

物质变化中只能改变形态、而没有生成其他物质的变化。例如，制作胶泥时，硼砂使聚乙烯醇胶凝聚在一起，形成了胶。胶的化学构成没有改变，但是它的物理结构改变了。

聚合体

单体合成变成分子量较大的化合物，我们常见的塑料就是由聚合体组成的。

外用酒精

含有一种叫做醇的液体。在本书的实验中，清除钉子表面时要用到外用酒精。注意不要触摸或饮入这种液体，它对人体是有害的。

胶　泥

一种类似橡胶的物质，是在1943年由詹姆士·赖特无意中发明的。胶泥是聚合体，俗称橡皮泥，被作为孩子的玩具出售。

溶　液

两种或两种以上的不同物质组成的均匀、稳定的混合物。

表面张力

液体表面各部分间相互吸引的力。像洗涤液这样的化学物质会破坏其他液体的表面张力。

悬浮液

能够使固体微粒在其中运动而不溶解的混合物。例如，奶油蛋羹是悬浮液。奶油蛋羹的固体颗粒悬浮在水里而形成悬浮液。

术语表2：热和能篇

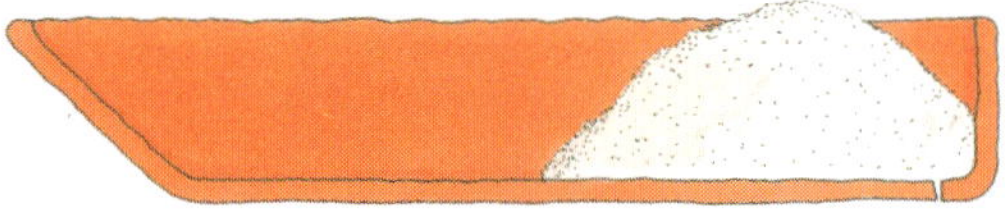

传　导

热或电从物体的一部分传到另一部分。

收　缩

（物体）由大变小，由长变短。

对　流

液体或气体中较热的部分和较冷的部分通过循环流动，使温度趋于均匀，是流体传热的主要方式。

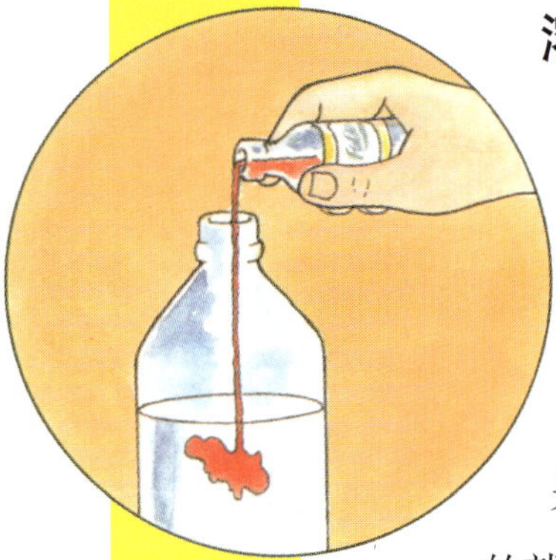

溶　解

当两种物质，比如盐和水，完全溶合在一起的过程就叫做溶解。当一种物质均匀分布在另一种物质中时，所得到的就是溶液。

电　荷

物体或构成物体的质点所带的正电成负电。

电　路

电路是电流通过的路径。

电　流

电流是由电荷的定向移动形成的。

蒸　发

蒸发是指液体转变成气体。加热会使蒸发的速度加快。

膨　胀

由于温度升高或其他因素，物体的长度增加或体积增大。

力

力是物体之间的相互作用。

摩　擦

两个物体的表面互相运动产生

摩擦。摩擦把动能转变成热能。在许多机械装置上，用润滑油来减少摩擦。

利　用

当你利用了水力发电的时候，你就可以说，你控制并利用了水能而达到了发电的目的。

水力发电

水力发电是指利用水流的能量转动涡轮机的叶片而发电。

分　子

物质中能够独立存在并保持该物质一切基本化学性质的最小微粒。

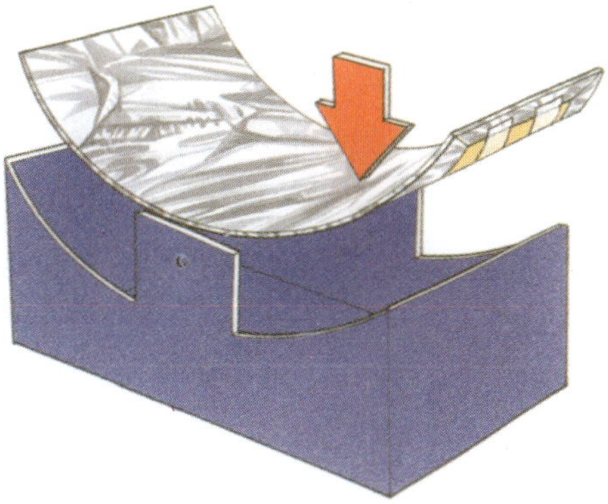

压　力

物体所承受的与表面垂直的作用力。

水　库

拦洪蓄水和调节水流的水利工程建筑物。

温　度

温度是指某物体的冷热程度。两种最常见的温度计是摄氏温度计和华氏温度计。

涡　轮

涡轮是指靠流动的气体或液体为动力转动的带叶片的轮子。

著作权合同登记号
图字：01-2005-5714
Copyright©Aladdin Books Ltd 2002
2005中文简体字版专有权属北京出版社所有，未经出版人书面许可，不得翻印或以任何形式和方法使用本书中的任何内容或图片。

图书在版编目（CIP）数据

日用化学·热和能的奥妙／（英）萨莉·休伊特（Sally Hewitt），博比·瑟尔（Bobbi Searle）著；（英）凯瑟琳·沃德（Catherine Ward）等绘；刘月译.—北京：北京少年儿童出版社，2005
（有趣的科学实验）
ISBN 7-5301-1535-9

Ⅰ.日… Ⅱ.①萨… ②博… ③凯… ④刘… Ⅲ.自然科学—科学实验—少年读物 Ⅳ.N33—49

中国版本图书馆CIP数据核字（2005）第121411号

有趣的科学实验
日用化学·热和能的奥妙
RIYONG HUAXUE · RE HE NENG DE AOMIAO

（英）萨莉·休伊特 著
博比·瑟尔
（英）凯瑟琳·沃德 等绘
刘 月 译

*

北京出版社出版集团
北京少年儿童出版社 出版
（北京北三环中路6号）
邮政编码：100011
网 址：www.bph.com.cn
北京出版社出版集团总发行
新 华 书 店 经 销
北京京师印务有限公司印刷

*

787×1092 16开本 6印张 82千字
2006年1月第1版 2006年1月第1次印刷

ISBN 7-5301-1535-9/N·109
定价：22.00元

质量投诉电话：010-58572393

“有趣的科学实验”系列丛书（4册）

快乐无穷的科学游戏　妙趣横生的科普经典
科学原理一玩就通

★材料简单 ★图解翔实 ★自己动手 ★快乐交流

《有趣的科学实验》系列丛书由《和动植物做游戏》《光 · 电 · 磁的美妙世界》《神秘的空气和声音》《日用化学 · 热和能的奥秘》四册组成，详细介绍了动物、植物、光、电、磁、空气、声音、日用化学、热和能等基本的科学内容，通过上百种实验揭开大自然的神秘面纱，让小读者尽情体验轻松学科学的自由和乐趣！

《和动植物做游戏》带你进入多彩的生物世界：动物怎样呼吸、进食、运动、成长和繁殖。教你怎样做蚯蚓窝，怎样做肺的模型，怎样在花园里为小鸟筑巢；植物的世界同样多姿多彩，植物怎样生长，怎样合成养料，怎样繁殖新的生命。快来探究一下，土豆芽为什么能穿越迷宫，非洲堇怎样从叶子上生根……

科学就是这么有趣！

《光 · 电 · 磁的美妙世界》向读者介绍了有关光、电和磁的基本常识。通过实验你将了解怎样制造显微镜，怎样制造彩虹甚至怎样做照相机；亲自动手试一试，你还将学会怎样制作电扇，怎样做电磁起重机，甚至怎样自己制造闪电……

科学就是这么美妙！

《神秘的空气和声音》介绍了有关空气和声音的科学常识，带你认识并体验肉眼看不见但却无处不在的空气和声音。通过实验你将学会如何自制气压计来预测天气，如何使纸板悬浮，甚至如何自己制作滑翔机；有兴趣的话，你还能学会怎样自己做排箫，怎样做模拟电话，甚至怎样自制纸鞭炮和警笛……

科学就是这么好玩！

《日用化学 · 热和能的奥妙》将向你展示化学世界的奇妙变幻和热能世界的无穷奥妙。通过好玩的实验，你将学会怎样得到晶体，怎样制作胶泥，怎样使液体神秘地消失；胆大的孩子还将学会怎样用气球做火箭，怎样利用能与自己的身体开玩笑，甚至怎样用水果做电池！

科学就是这么神秘！

友情链接

2004年荣获“科学时报”读书杯科学普及·科学文化佳作奖
2005年荣获首届国家图书馆文津大奖

作　　者：汉斯·尤尔根·普雷斯
出 版 社：海南出版社
出版日期：2004年9月
开　　本：24开
印　　张：10.25
ISBN：7-5443-1286-0/N·7
定　　价：25.00
详情垂询：010-65911593

本书是德国最经典的科普读物之一。从1964年出版至今畅销不衰，仅精装本从1967年到1995年就再版了21次之多。这本书的版权已被销售到南非、保加利亚、丹麦、英国、以色列、美国、芬兰、法国、印度、日本、立陶宛、荷兰、挪威、波兰、瑞典、西班牙、韩国等21个国家和地区，是一本不可多得的科普经典。

本书以400多个游戏帮你揭开自然科学的秘密，了解自然科学的规律，探索动植物的行为方式。所有这些游戏都简单得让你吃惊，所使用的工具就在你的身边和家里。本书还为每个游戏提供了详尽的说明和图解，使你的实验轻而易举，快乐无穷！

友情链接

《可怕的科学》系列丛书

21世纪初最有影响力的少儿百科图书，英国本土狂销逾200万册！

与斯蒂芬·霍金的《果壳中的宇宙》同获世界科普图书最高类——AVENTIS科学图书类。

“经典科学”系列（20册）

- 丑陋的虫子
- 触电惊魂
- 动物惊奇
- 肚子里的恶心事儿
- 改变世界的科学实验
- 化学也疯狂
- 进化之谜
- 绝密身体报告
- 力的惊险故事
- 能量怪物
- 杀人疾病全记录
- 身体使用手册
- 神秘莫测的光
- 声音的魔力
- 时间揭秘
- 受苦受难的科学家
- 显微镜下的怪物
- 植物的咒语
- 自命不凡的大脑
- 魔鬼头脑训练营

“经典数学”系列（9册）

要命的数学
特别要命的数学
测来测去——长度、面积和体积
绝望的分数
你真的会＋－×÷吗
数字——破解万物的钥匙
逃不出的怪圈
寻找你的幸运星
数学头脑训练营

“另类新知”系列（12册）

奥运故事
超级建筑
超能电脑
电影特技魔法秀
街上流行机器人
美妙的电影
魔幻音乐人
巧克力秘闻
神奇的互联网
太空旅行记
消逝的恐龙
艺术家的魔法秀

“体验课堂”系列（5册）

体验丛林
体验恐龙
体验沙漠
体验鲨鱼
体验宇宙

每册9.80元

“自然探秘”系列（9册）

地震了！快跑！
发威的火山
愤怒的河流
惊险南北极
绝顶探险
杀人风暴
死亡沙漠
无情的海洋
雨林深处

“神秘”系列（6册）

破案术大全
魔术全揭秘
密码全攻略
外星人的疯狂旅行
勇敢者大冒险
墓室里的秘密

北京少年儿童出版社
发行部电话：（010）62013123
邮购部电话：（010）62361304